BEIHEFTE ZUM GESUNDHEITS-INGENIEUR
REIHE II HEFT 21
HERAUSGEGEBEN VON DER LEITUNG DES GESUNDHEITS-INGENIEURS

Die Leistung und Berechnung von Spültropfkörpern

von

Dr.-Ing. Franz Pöpel

Mit 31 Bildern

MÜNCHEN UND BERLIN 1943
VERLAG VON R. OLDENBOURG

Inhaltsverzeichnis.

Vorwort.

Die mir obliegende Entwurfsarbeit für Reinigungsanlagen für die gemeindlichen und industriellen Abwässer der verschiedensten Zusammensetzung erforderte eine eingehende Erforschung der Leistung der neuzeitlichen Tropfkörper, nachdem diese in einer größeren Anzahl von Kläranlagen erfolgreich Anwendung gefunden hatten. Aus der großen Fülle der veröffentlichten und selbst gefundenen Ergebnisse an ausgeführten Betriebs- und Versuchsanlagen wurden bereits 1938 einige wichtige Abhängigkeiten zwischen der Belastung, Betriebsweise und Leistung der Tropfkörper herausgearbeitet. Bei der späteren Nachprüfung der gefundenen Gesetzmäßigkeiten an weiteren Anlagen ergab sich jedoch die Notwendigkeit einer Erweiterung und Vertiefung der bisher gefundenen Zusammenhänge. Die mühevollen und sehr zeitraubenden Vergleiche der unter den verschiedensten Betriebsbedingungen festgestellten Ergebnisse, die ich neben sehr angestrengter beruflicher Arbeit in den letzten Jahren durchgeführt habe, konnten bereits im November 1941 abgeschlossen und in der vorliegenden Schrift: »Die Leistung und Berechnung von Spültropfkörpern« zusammengefaßt werden. Die während der Bearbeitung erschienenen Veröffentlichungen wurden bei der Festlegung der Abhängigkeiten berücksichtigt. Die Arbeit wurde im Laufe des Jahres 1942 auf Anraten einiger Fachleute, denen sie zur Kenntnisnahme zugesandt worden war, in die Reihe II der Beihefte des Gesundheits-Ingenieurs aufgenommen und gedruckt. Die während dieser Zeit noch erschienene Abhandlung von Demoll und Liebmann: »Die Bedeutung des Tropfkörpermaterials für die Reinigungswirkung« — Gesundh.-Ing. Jg. 65 (1942) H. 7/8 S. 55—64 —, in welcher der rauhen, geklüfteten Oberfläche der Lavaschlacke ein wesentlich günstigerer Einfluß auf die Leistung der Körper zugeschrieben wird als den Füllstoffen mit andersgestalteter Oberfläche, mußte unberücksichtigt bleiben. Da die von Demoll beobachteten Erscheinungen an Scheibentropfkörpern nicht an Tropfkörpern mit größerer Bauhöhe festgestellt werden konnten, muß dieser günstige Einfluß der rauhen Füllstoffoberfläche zunächst auf Körper mit geringer Bauhöhe und das von Demoll zu den Versuchen benutzte künstliche Abwasser beschränkt bleiben.

Es ist mir ein Bedürfnis, der Leitung des Gesundheits-Ingenieurs, im besonderen dessen Geschäftsführenden Herausgeber Dr.-Ing. habil. A. Heilmann, für die Aufnahme meiner Abhandlung in die Reihe der Beihefte zum Gesundheits-Ingenieur und die Förderung der Drucklegung zu danken. Dieser Dank gilt auch dem Verlag R. Oldenbourg, München und Berlin, der trotz der mit dem Kampfe Deutschlands um seine Freiheit verbundenen Schwierigkeiten die Herausgabe des Beiheftes ermöglicht hat.

Den Haag, im November 1942.

Dr.-Ing. **F. Pöpel.**

Druck von R. Oldenbourg, München
Printed in Germany

Einleitung.

Die in den letzten Jahren mehrfach für die Abwasserreinigung angewandten hochbelasteten Tropfkörper blicken auf eine 70jährige Entwicklung zurück. Professor Dunnbar [1] erwähnt, daß der erste Tropfkörper im Jahre 1871 in Birmingham von Baily Denton nach dem Entwurf von Ed. Franklund gebaut wurde. Beim Studium der zu Anfang dieses Jahrhunderts erschienenen Fachliteratur [1] fällt es auf, daß nahezu alle wichtigen, die Leistungsfähigkeit der Tropfkörper bestimmenden Einflüsse in ihren Grundzügen bereits bekannt waren. Es muß vor allem der systematischen Forschungs- und Sammlungstätigkeit von Prof. Dunnbar zugeschrieben werden, daß die auf den verschiedenen Kläranlagen in Europa und Amerika gemachten Betriebserfahrungen zusammengetragen und auch bei der Ausbildung neuer Kläranlagen nutzbringend verwendet wurden.

Die Verschlammungserscheinungen alter Tropfkörper und ihre üblen Begleitumstände, wie die Abnahme der Reinigungswirkung, die Gestank- und Fliegenplage, sind beim Rückschauen auf den damaligen Ausbau der biologischen Reinigungsanlagen auf das Fehlen geeigneter Einrichtungen für die Vorreinigung des Abwassers und die Schlammbehandlung zurückzuführen.

Der Siegeszug der Belebtschlammanlagen, der die Anwendung der Tropfkörper auf kurze Zeit in den Hintergrund drängte, ist wohl in erster Linie darauf zurückzuführen, daß ihnen die obigen Nachteile, selbst bei fehlender Vorreinigung, nicht anhaften. Diese ästhetischen Vorteile, die sich mit einer sehr weitgehenden Reinigung des Abwassers paarten, mußten jedoch mit sehr hohen Anlage- und Betriebskosten erkauft werden. Wenn auch durch die Anwendung der vervollkommneten Einrichtungen für die mechanische Abwasserklärung die Betriebskosten der Belebtschlammanlagen gesenkt werden konnten, so wurde doch ihre Empfindlichkeit gegenüber den stoßweisen Belastungen mit stark verschmutzten Abwässern als ein Mangel in betrieblicher Hinsicht empfunden.

Da ferner eine Anzahl industrieller Abwässer der biologischen Reinigung mit belebtem Schlamm nur sehr schwer zugänglich gemacht werden konnte und sich dagegen die Tropfkörper bei zweckentsprechender Ausbildung und richtiger Betriebsführung als unbedingt zuverlässig erwiesen, mußten diese doch immer wieder für den Bau von Kläranlagen in Erwägung gezogen werden. Es ist daher erklärlich, daß nach einem Reinigungsverfahren gesucht wurde, bei dem die Vorteile des Belebtschlammverfahrens mit denen des Tropfkörpers unter Ausschaltung der den beiden Verfahren bisher noch anhaftenden Mängel verbunden werden. Die angestellten Untersuchungen europäischer und amerikanischer Forscher über die Reinigung des Abwassers mit Hilfe von Tropfkörpern, die dank der in der Zwischenzeit vervollkommneten Untersuchungsverfahren mit größerer Genauigkeit als früher nachgeprüft werden konnten, führten dann unter Einschaltung der verbesserten Absetz- und Schlammbehandlungsanlagen zu der Entwicklung der neuzeitlichen hochbelasteten Tropfkörperanlage. Sie besteht im wesentlichen aus der Vorklärung, dem Tropfkörper und der Nachklärung. Der in dem Absetzbecken zurückgehaltene Schlamm wird in frischem Zustande dem Faulraum oder anderen Schlammbehandlungsanlagen zugeführt. Das Arbeitsschema einer solchen Anlage mit Abwasserrückführung zeigt Bild 1. Bei offenen oder überdeckten Tropfkörpern mit künstlicher Lüftung kann die Abwasserrückführung fortfallen.

Von den bahnbrechenden Forschern über die Reinigungsvorgänge in Tropfkörpern stellten Blunk [2] und Halverson [3] die von Prof. Dunnbar bereits erkannte Forderung der ausreichenden Zufuhr von Luftsauerstoff zum biologischen Rasen durch zweckmäßige Ausgestaltung der natürlichen und künstlichen Lüftung offener und geschlossener Tropfkörper in den Vordergrund. H. Jenks [4] hat nun unter Anlehnung an das Belebtschlammverfahren als erster die sich im Tropfkörper abspielenden biologischen Reinigungsvorgänge in so zweckmäßiger Weise mit den gut arbeitenden neuzeitlichen Absetzanlagen verbunden, daß ihm das Verdienst der Schaffung eines neuen Reinigungsverfahrens zugesprochen werden muß.

Dem weitschauenden Blick eines Fachmannes wie Dr. Imhoff war es jedoch vorbehalten, mit der ihm eigenen klaren Einfachheit, die gemeinsamen und unterschiedlichen Kennzeichen alter und neuer Tropfkörper der letzten Entwicklungsepoche herauszuarbeiten und damit die erfahrungsmäßigen Grundlagen für die empirische Bemessung dieser neuzeitlichen Anlagen zusammenzutragen. Die von Dr. Imhoff [5] in seinem Artikel »Wie berechnet man hochbelastete Tropfkörper« gewählten Bezeichnungen sind daher auch als Dank für die durch diese Abhandlung empfangene Anregung bei dem Versuch zur Schaffung eines genauen Berechnungsverfahrens derartiger Anlagen übernommen worden.

Äußerlich unterscheidet sich der moderne Tropfkörper von dem alten nur sehr unwesentlich. Das Abwasser wird bei beiden mit geeigneten Vorrichtungen so gleichmäßig

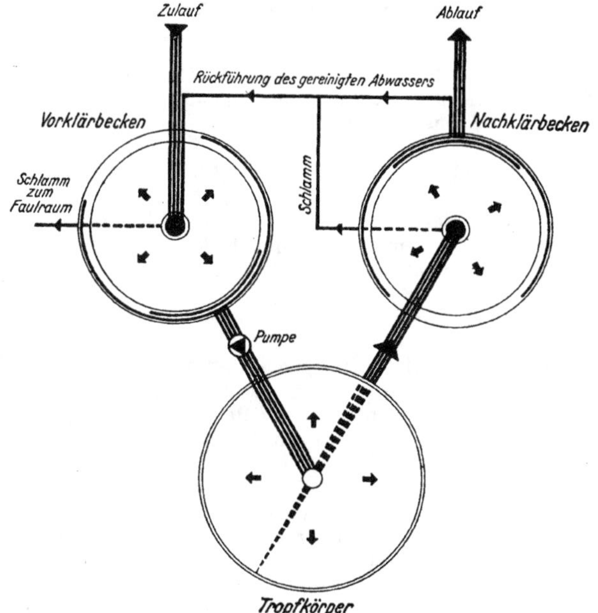

Bild 1. Hochbelastete Tropfkörperanlage mit Abwasserrückführung.

wie möglich über die Körper verteilt. Das Neue an den neuzeitlichen Reinigungsanlagen ist lediglich in der zweckmäßigen Aufteilung des Reinigungsvorganges zu erblicken. Die Tropfkörper wurden früher zur Zurückhaltung der absetzbaren und nicht absetzbaren Feststoffe sowie der gelösten organischen Stoffe verwendet. Außerdem wurde ihnen noch der aerobe Abbau der im Körper aufgespeicherten organischen Feststoffe zugewiesen. Es wurde nämlich ein fäulnisfreier Ablauf erstrebt, der lediglich durch bereits bis zur Fäulnisunfähigkeit mineralisierte Feststoffe von ursprünglich organischer Struktur — den »humösen Häutchen« [1] — verunreinigt war und der leicht in kleinen Nachklärbecken geklärt werden konnte.

Die Abscheidung der absetzbaren Stoffe erfolgt jetzt in dem Vorklärbecken. Lediglich die biologisch oxydative Reinigung des Abwassers wird den Tropfkörpern zugewiesen, die nun infolge ihrer verminderten und vereinfachten Tätigkeit so stark belastet werden können, daß jeder nicht benötigte Überschuß an Mikroorganismen und höheren Kleinlebewesen sofort nach ihrer Bildung und Leistung der Reinigungsarbeit ausgespült werden kann. Die sehr feinen, noch fäulnisfähigen Flocken werden dann von dem Abwasser in Nachklärbecken getrennt. Das gereinigte Abwasser kann dem Vorfluter zugeleitet werden; der Schlamm der Vor- und Nachklärbecken muß dagegen den geeigneten Schlammbehandlungsanlagen, den Faulräumen oder Trokken- und Verbrennungsanlagen zugeführt werden.

Die neueren Untersuchungen aller Forscher, die in dem Fachschrifttum eingehend veröffentlicht wurden, lassen erkennen, daß die Leistungsfähigkeit der hochbelasteten Tropfkörperanlagen von folgenden Einflüssen abhängt:

1. von dem Sauerstoffbedarf des dem Tropfkörper zufließenden Abwassers,
2. von der Benetzungsfläche der Füllstoffe, sowie der sich auf der Benetzungsfläche ansiedelnden Menge und Art an biologischem Rasen,
3. von der Höhe des Tropfkörpers,
4. von der Raum- und Flächenbelastung des Tropfkörpers,
5. von der Temperatur des Abwassers und der Luft und von der damit im Zusammenhang stehenden natürlichen oder künstlichen Lüftung offener oder geschlossener Tropfkörper.

Als Maßstab für die Reinigungswirkung oder die innere Arbeitsleistung der Tropfkörper wird die Sauerstoffzufuhr eingeführt. Sie stellt die Sauerstoffmenge dar, die die Kleinlebewelt beim Überrieseln der Füllstoffe auf das Abwasser überträgt.

Das den Tropfkörpern zugeleitete Abwasser mit bestimmter Verschmutzung muß dagegen als seine äußere Belastung angesehen werden. Auf die engen Zusammenhänge, die zwischen der Arbeitsleistung — d. h. der Sauerstoffzufuhr einerseits — und der Belastung der Tropfkörper andererseits bestehen, hat bereits Knechtges [6] in seinem Aufsatz über die Grenzen der Tropfkörperbelastung hingewiesen.

Im nachfolgenden ist versucht worden, die gesetzmäßigen Beziehungen zwischen der Leistungsfähigkeit des Körpers und den oben erwähnten fünf Faktoren aufzuzeigen, um dem Entwurfs- und Betriebsingenieur geeignete Unterlagen für den Bau und Betrieb biologischer Reinigungsanlagen zur Verfügung zu stellen.

I. Einfluß des Sauerstoffbedarfes auf die Leistung der Tropfkörper.

Der Sauerstoffbedarf des dem Tropfkörper zur Reinigung zugeführten Abwassers (S_r) kann als seine äußere Belastung aufgefaßt werden. Dieser stehen die sich im Innern des Körpers abspielenden physikalischen Klärungs- und biologischen Oxydationsvorgänge gegenüber, durch die dem Abwasser Sauerstoff zugeführt wird, so daß der im Nachklärbecken geklärte Ablauf des Tropfkörpers nur noch einen Sauerstoffbedarf S_a hat. Die Sauerstoffzufuhr Z kann also aus dem Unterschied des Sauerstoffbedarfs vom zu- und abfließenden Abwasser errechnet werden.

$$Z = S_r - S_a \quad . \; . \; . \; . \; . \; . \; . \; . \; . \quad (1)$$

Sie kann aber auch in Abhängigkeit vom Sauerstoffbedarf des Zuflusses ausgedrückt werden, so daß sich mit $S_r = n\, S_a$ folgende Beziehung ergibt:

$$Z = S_r - \frac{S_r}{n} = \frac{n-1}{n}\, S_r \text{ kg } O_2/\text{m}^3 \text{ Abwasser} \quad . \; . \quad (2)$$

Bei der Belastung von 1 m³ Füllstoff mit R m³/Tag Abwasser, wird diesem die von den biologischen Organismen erzeugte Sauerstoffmenge E zugeführt.

$$E = R\,(S_r - S_a) = \frac{n-1}{n} \cdot S_r \cdot R = Z \cdot R \text{ kg } O_2/\text{m}^3 \text{ Brocken} \quad (3)$$

In allen Veröffentlichungen ist immer der 5tägige biochemische Sauerstoffbedarf für das zu- und abfließende Abwasser angegeben worden. Die weiteren Betrachtungen sind daher auch auf dem 5tägigen biochemischen Sauerstoffbedarf aufgebaut. Durch Einführung der Gleichung von Theriault können auch die Sauerstoffbedarfswerte für andere Zeiten und Temperaturen ermittelt werden.

Der Ablauf des Tropfkörpers hat normalerweise einen höheren BSB_5 als der des Nachklärbeckens. Dieses ist darauf zurückzuführen, daß im Tropfkörperablauf immer noch die aus dem Körper gespülten biologischen Hautflocken enthalten sind, die in erster Linie die Größe des BSB_5 bestimmen. Diese Verkleinerung ist aber nicht auf eine zusätzliche Sauerstoffzufuhr oder Erzeugung im Nachklärbecken, sondern auf die Zuendeführung der im Tropfkörper eingeleiteten Oxydationsvorgänge zurückzuführen, wodurch

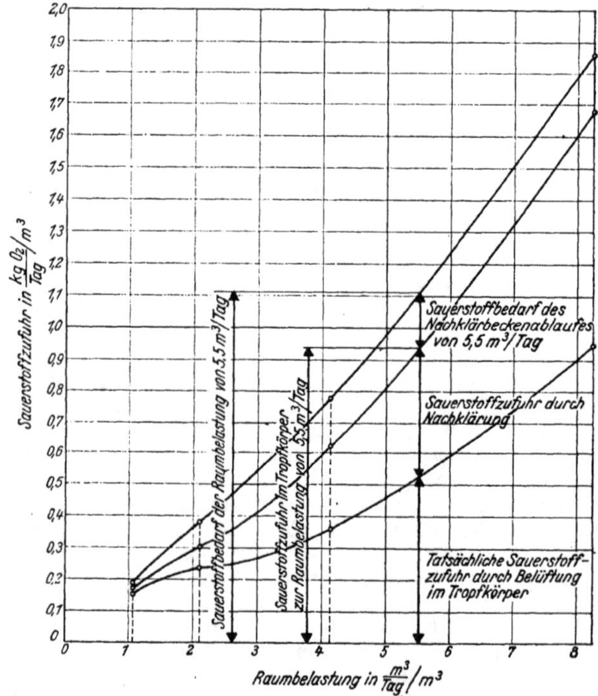

Bild 2. Sauerstoffzufuhr bei verschiedener Raumbelastung durch Belüftung des Abwassers in Tropfkörpern und Abscheidung der im Tropfkörperablauf enthaltenen Verunreinigungen in Nachklärbecken.

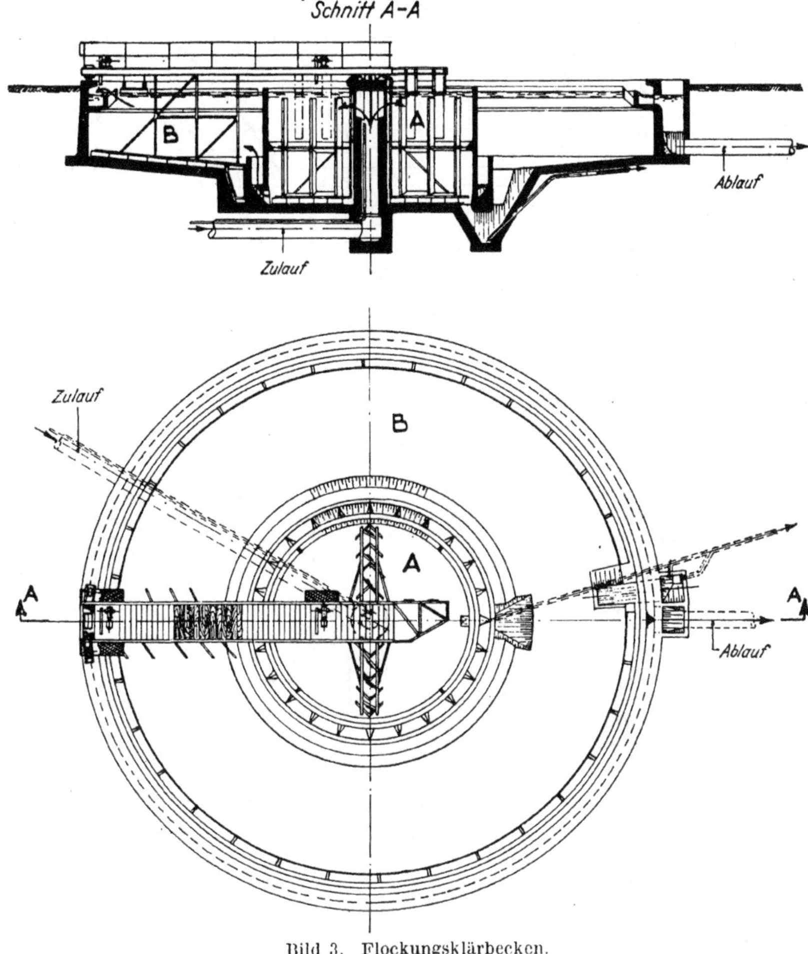

Bild 3. Flockungsklärbecken.
A = Flockungsbecken B = Absetzbecken.

die mechanische Abtrennung der aus dem Körper ausgespülten Feststoffe infolge von physikalisch-biologischen Adsorptionsvorgängen im Nachklärbecken begünstigt wird.

In welchem Verhältnis die tatsächliche Sauerstofferzeugung im Tropfkörper zu der scheinbaren steht, die sich aus der Entnahme der absetzbaren Verunreinigungen aus dem Tropfkörperablauf im Nachklärbecken ergibt, zeigt sehr gut das aus den Ergebnissen der Versuchsanlage Ames [7] abgeleitete Diagramm (Bild 2).

Aus dem Verlauf der Kurven geht deutlich hervor, daß bei steigender Raumbelastung die Nachklärung von größerer Bedeutung für den Reinigungsprozeß wird. Dieses ist darauf zurückzuführen, daß bei geringer Raumbelastung ein großer Teil der oxydierten organischen Verunreinigungen im Tropfkörper selbst abgebaut wird. Bei größerer Raumbelastung übt dagegen das Abwasser eine so große Spülwirkung aus, daß die im Körper durch die biologischen Oxydationsvorgänge ausgeschiedenen organischen Verunreinigungen sehr bald nach ihrem Entstehen wieder abgespült werden. Sie müssen dann im Nachklärbecken vom belüfteten Abwasser getrennt werden.

Sohler [8] weist ebenfalls auf die große Bedeutung der Nachklärbecken in hochbelasteten Tropfkörperanlagen hin. Während der Ablauf der Tropfkörper bei einer Raumbelastung von $9 \frac{m^3}{Tg}/m^3$ selbst noch einen mittleren BSB_5 von 40 mg/l hatte, wurde dieser durch die Nachklärung in einem Trichterbecken mit 30 minutiger Durchflußzeit auf 15,4 mg/l ermäßigt.

Der im Tropfkörper eingeleitete Ausflockungsvorgang kann bei hochbelasteten Tropfkörpern durch Anwendung im Einvernehmen mit der Stadtverwaltung durchgeführten mechanischer Ausflockung noch gesteigert werden, wie die Untersuchungen auf der Kläranlage Hilversum-Liebergerheide ergeben haben. Der Ablauf der drei ausgeführten Tropfkörper von etwa 21,0 m Dmr. wurde zwecks Ausscheidung der im Absetzbecken normalerweise zurückgehaltenen Feststoffe nach 2stündigem Stehen durch einen Wattebausch gefiltert, bevor der Kaliumpermanganatverbrauch nach Kubel (10 min Kochprobe) und in 4 h bei Zimmertemperatur bestimmt wurde.

Bei dem Ablauf des kombinierten Flockungsklärbeckens (Bild 3) wurde der Kaliumpermanganatverbrauch an der nicht gefilterten Abwasserprobe bestimmt. Das im Tropfkörper belüftete Abwasser durchfließt den zentrischen Flockungsraum in 20 bis 30 min und den ringförmig darum gelagerten Absetzraum in 1,5 bis 2,0 h.

Während der Flockungs- und Absetzzeit muß also ein Teil der noch durch das Wattefilter laufenden kleinen Flocken von den größeren adsorbiert werden, so daß sie mit diesen

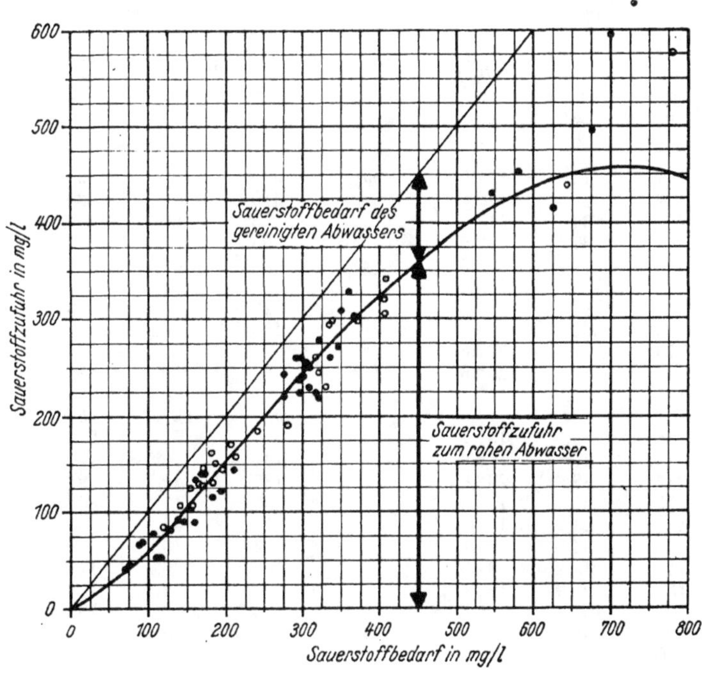

Bild 4. Einfluß des Sauerstoffbedarfes auf die Sauerstoffzufuhr zum Rohabwasser in den hochbelasteten Tropfkörpern der Versuchsanlage Lakestreet.
○ Tropfkörper I ● Tropfkörper II ◑ Tropfkörper III.

zusammen absinken können. Auch in diesem Falle ist der durch die Nachklärung erzielte Rückgang des Sauerstoffbedarfes von 25 bis 26% nicht auf eine zusätzliche Sauerstoffzufuhr, sondern auf die durch die mechanische Flockung begünstigten physikalischen Adsorptionsvorgänge zurückzuführen, die sich allerdings nur als Folge der im Tropfkörper erfolgten Belüftungsvorgänge abspielen können.

Es ist daher völlig gerechtfertigt, die innere Leistung des Tropfkörpers auf den Körper selbst und die Nachklärung auszudehnen.

Bei den eingeführten Formeln ist im folgenden der Sauerstoffbedarf und die Sauerstoffzufuhr in kg O_2/m^3 gemessen.

Die von Halvorson [3] auf der Versuchsanlage Lakestreet durchgeführten Untersuchungen erlauben einen sehr guten Rückschluß auf die Zusammenhänge, die zwischen der Verschmutzung des Abwassers und der Sauerstoffzufuhr bestehen. Die für die Durchführung der Versuche verwendeten Tropfkörper waren 2,44 m hoch und hatten einen Durchmesser von 1,83 m. Während die Raumbelastung der Tropjkörper

Zahlentafel 1.

Tropfkörper	$KMnO_4$-Verbrauch in 4 Std. vom Ablauf: des Tropkörpers gefiltert	des Klärbeckens nicht gefiltert	Verbesserung des Ablaufes in mg/l	%	
1	43,3 mg/l	34,9 mg/l	8,4	19	24,7 %
2	32,4 »	20,3 »	12,1	37	
3	35,6 »	29,1 »	6,5	18	
	$KMnO_4$-Verbrauch (10 min Kochprobe)				
1	65,3 mg/l	52,8 mg/l	12,5	19	25,7 %
2	50,0 »	34,1 »	15,9	32	
3	63,8 »	47,3 »	16,5	26,8	

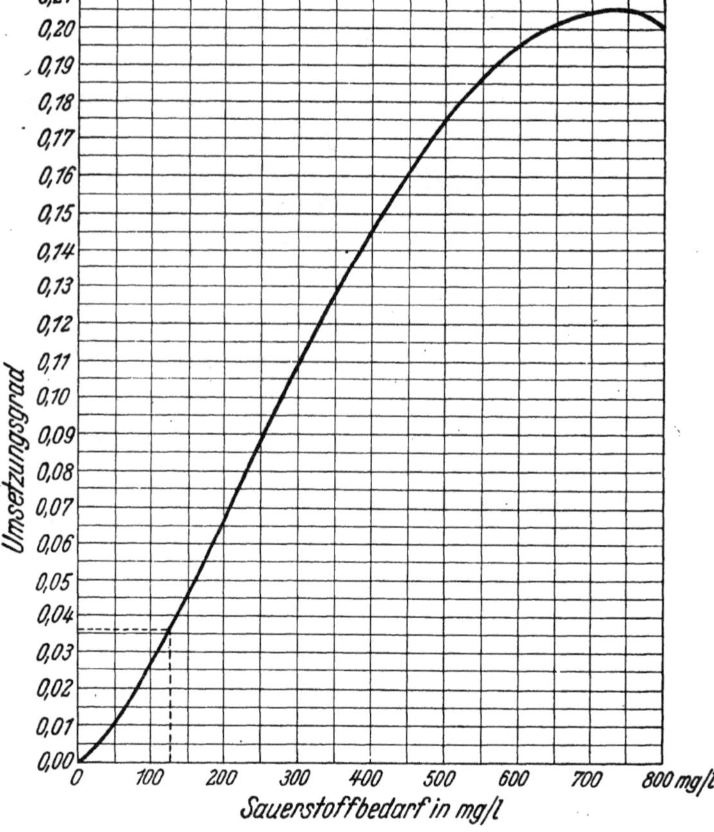

Bild 5. Umsetzungsgrad für einen Sauerstoffbedarf von 0—800 mg/l. Für S_r = 125 mg/l ist der Umsetzungsgrad 0,0362.

Zahlentafel 2.

Versuchsanlage Lakestreet

Tropfkörper ∅ 1,83 m Tropfkörperhöhe 2,44 m

Tropfkörper I Füllstoffe: gebr. Kies 38—75 mm (künstlich belüftet)				Tropfkörper II Füllstoffe: Hohlsteine aus gebr. Ton				Tropfkörper III Füllstoffe: Grobkies 38—75 mm			
Sauerstoffbedarf		Sauerstoffzufuhr	Raumbel. R	Sauerstoffbedarf		Sauerstoffzufuhr	Raumbel. R	Sauerstoffbedarf		Sauerstoffzufuhr	Raumbel. R
S_r mg/l	S_a mg/l	Z mg/l	$\frac{m^3}{Tg}/m^3$	S_r mg/l	S_a mg/l	Z mg/l	$\frac{Tg}{m^3}/m^3$	S_r mg/l	S_a mg/l	Z mg/l	$\frac{m^3}{Tg}/m^3$
1	2	1—2=3	4	1	2	1—2=3	4	1	2	1—2=3	4
171	44	127	9,57	675	180	495	10,2	175	26	149	7,66
159	49	110	»	310	80	230	»	295	70	225	»
207	34	173	»	75	29	46	»	310	54	256	«
280	87,5	192,5	10,19	295	57,5	237,5	»	345	72	273	»
410	72,5	337,5	»	365	62,5	302,5	8,50	545	113	432	»
240	55	185,0	»	275	54	221,0	«	315	58,6	255	»
330	101	229	»	322,5	43,2	279,3	»	310	60	250	»
780	205	575	»	126,5	43,2	83,3	»	275	32,5	242	»
370	82,5	297,5	»					299	38,7	260	»
335	42,4	292,6	7,66	625	210	415	7,66	107	30,2	77	»
171	33,8	147,2	»	320	100	220	»	161,5	28,5	133	»
167	39,0	128,0	»	580	127,5	452,5	»				
185	53,3	131,7	»	300	65	235	»	159	70	89	9,56
188	37,1	150,9	»	145	56,5	89,5	»	207	60	147	»
337	38,2	298,8	»	137	42,7	94,3	»	335	73	262	»
213	52,7	160,3	»	86	17,4	68,6	»	171	43	128	»
182	24,9	157,1	»	110	56,2	53,8	»	167	24	143	»
142	34,9	107,1	»	85	16,2	68,8	»	192	69,4	123	»
118	33,2	84,8	»	182,5	66,2	116,3	»	116	63,9	52	»
154	28,9	125,1	»	155	48,5	106,5	»				
407	101	306,0	»	174,5	39,5	135,0	»	350	40	310	5,91
195	50	145	»	69,5	28,2	41,4	»	290	30	260	»
410	88	322	»					360	31,2	328,8	»
320	76	244	»					730	102,5	627,5	6,14
700	105	595	»								
315	53,4	261,6	»								
640	202	438									

nur in geringen Grenzen voneinander abwich, war die Zusammensetzung des untersuchten Rohabwassers außerordentlich großen Schwankungen unterworfen. Dieses ermöglichte die Festlegung der Beziehungen zwischen dem Sauerstoffbedarf des dem Tropfkörper zugeleiteten Rohwassers und der Sauerstoffzufuhr.

Die von Halvorson veröffentlichten Versuchsergebnisse sind in Zahlentafel 2 zusammengestellt. Mit ihrer Hilfe wurde dann nach Gleichung (1) die Sauerstoffzufuhr ermittelt und in Bild 4 in Abhängigkeit von dem Sauerstoffbedarf des Rohwassers aufgetragen. Abgesehen von kleinen durch die unterschiedlichen Raumbelastungen und Abwassertemperaturen bedingten Streuungen, liegen die Punkte entlang der eingezeichneten Kurve, für die die Beziehung gilt:

$$Z = 2{,}22 \cdot S_r^{1{,}5} \cdot (1 - 0{,}85\, S_r^{0{,}75}) \quad . \; . \; . \; . \; . \quad (4)$$

Die Sauerstoffzufuhr ist also vorwiegend von einem den Bau- und Betriebsverhältnissen des Tropfkörpers entsprechenden Festwert und von einem Potentialwert des Sauerstoffbedarfes vom Rohwasser abhängig. Da dieser angibt, in welchem Umfange die biologischen Organismen des Tropfkörpers die durch den Sauerstoffbedarf gekennzeichnete organische Abwasserverschmutzung durch ihre Vertilgung in Sauerstoffzufuhr umsetzen können, wurde er als Umsetzungsgrad U in die Berechnung eingeführt:

$$U = S_r^{1{,}5} \cdot (1 - 0{,}85\, S_r^{0{,}75}) \quad . \; . \; . \; . \; . \; . \; . \quad (5)$$

Der Umsetzungsgrad, der in Bild 5 in Abhängigkeit vom Sauerstoffbedarf aufgetragen ist und auch dort für $S_r = 0 - 800$ mg/l abgelesen werden kann, nimmt zunächst mit größer werdender Verschmutzung sehr schnell bis auf einen für $S_r = 750$ mg/l bei $U = 0{,}205$ liegenden Höchstwert zu, um dann bis $Sr = 1240$ mg/l wieder auf 0 abzunehmen. Nach Gleichung (4) können also Abwässer mit einer stärkeren Verschmutzung als $S_r = 1240$ mg/l nicht mehr gereinigt werden. Selbstverständlich würde einem derartigen Abwasser beim Durchrieseln der Tropfkörper anfänglich noch Sauerstoff zugeführt werden; jedoch würde die Belastung desselben, selbst bei der Wahl kleinster Raumbelastungen, noch so groß sein, daß er in kürzester Zeit völlig verschlammen würde und daher auch nicht mehr imstande wäre, irgendwelche Reinigungsarbeit zu leisten.

Der in Gleichung (4) mit 2,22 angegebene Wert wird Schwankungen unterliegen, die durch die Bauart und Betriebsweise sowie die Abwassertemperatur bedingt sind. Die verschiedenen Einflüsse auf die Größe dieses Wertes sind nachfolgend herausgearbeitet.

II. Einfluß der Benetzungsfläche der Füllstoffe auf die Leistung der Tropfkörper.

a) Einfluß der Gestalt der Benetzungsfläche auf die Leistung der Tropfkörper.

Die einschlägigen Untersuchungen über die Bildung des für die Leistungsfähigkeit des Tropfkörpers maßgebenden biologischen Rasens sind mit großer Sorgfalt von Pönninger [9] durchgeführt worden. Die von ihm ermittelte Rasenmenge ist in dem beiliegenden Diagramm in Abhängigkeit von der Korngröße der Füllstoffe dargestellt (Bild 6).

Zufolge dieser Ergebnisse hängt die auf den Füllstoffen sich ansiedelnde Rasenmenge nicht nur allein von ihrer Korngröße, sondern auch von der Art ihrer Oberfläche ab. So ergab sich für Schlacke mit geklüfteter Oberfläche eine größere Rasenmenge als für Splitt, und auf diesem hatte sich wiederum mehr Rasen angesiedelt als auf dem Kies. Die Kleinlebewelt des Tropfkörpers kann sich selbstverständlich besser auf der rauhen Oberfläche gebrochener Gesteine ansiedeln als auf den beim Transport im Flußbett glattgeschliffenen Gesteinsoberflächen vom Flußkies. Gesteine mit zerklüfteter Oberfläche wie Schlacke, Koks und Lava bieten noch günstigere Siedlungsmöglichkeiten für die biologischen Häute als gebrochene Steine. Außerdem werden die Häute durch die Höhlen und Klüfte in der Oberfläche weit mehr gegen Abspülen geschützt als bei Gesteinen mit runder oder ebener Oberfläche.

Dieser Abspülschutz kann jedoch auch die Sauerstoffzufuhr nachteilig beeinflussen, da er die Verschlammung der Tropfkörper begünstigt. Hierdurch wird die gleichmäßige Abwasserverteilung und Lüftung des Körpers erschwert und ferner wird infolge der sich dann einstellenden aeroben Abbauvorgänge ein großer Teil des zugeführten Luftsauerstoffes der Abwasserreinigung entzogen. Um daher den Tropfkörper, vor allem bei der Reinigung stark verschmutzter Abwässer, vor der Verschlammung zu bewahren, müssen am zweckmäßigsten Füllstoffe mit einer solchen Oberflächengestaltung verwendet werden, auf der sich die Kleinlebewelt leicht ansiedelt und nach verrichteter Arbeit auch wieder leicht abspülen läßt.

Die im Einvernehmen mit der Stadtverwaltung Hilversum durchgeführten Untersuchungen über die Auswahl der leistungsfähigsten und wirtschaftlichsten Füllstoffe lassen deutlich erkennen, daß die Gestaltung der Oberfläche nur von sehr untergeordnetem Einfluß auf die innere Leistung der Tropfkörper ist. Das häusliche und industrielle Abwasser von Hilversum-Ost wurde auf der Kläranlage Liebergerheide auf drei Spültropfkörpern gereinigt, die aus

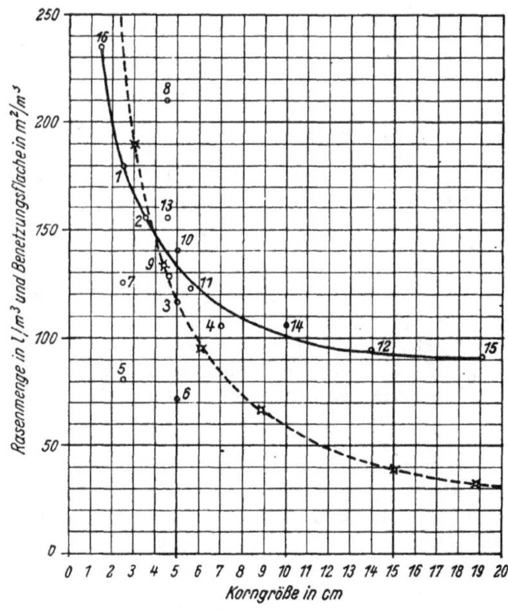

Bild 6. Rasenbildung auf Füllstoffen verschiedener Körnung. Nach Pönninger. Ges.-Ing. 1938, Heft 3.

S = Schlacke — o—o = Rasenbildung
K = Kies — --o-- = Benetzungsfläche für Steinschlag
St = Steinschlag

Probe Nr.	*M*	*K* cm	*R* l/m³	Probe Nr.	*M*	*K* cm	*R* l/m³
1	*S*	2,5	184	9	*S*	4,5	128
2	*S*	3,5	155	10	*S*	5,0	140
3	*S*	5,0	117	11	*S*	5,5	122
4	*S*	7,0	105	12	*S*	14,0	94
5	*Ki*	2,5	81	13	*S*	4,5	155
6	*Ki*	5,0	72	14	*S*	10,0	106
7	*St*	2,5	125	15	*S*	19,0	91
8	*S*	4,5	210	16	*S*	1,5	235

Lavaschlacke bzw. Gaswerksschlacke und handgeschlagenen Hartbrandsteinen bestehen. Die Körnung der Schlackenkörper liegt im Mittel zwischen 3 und 5 cm. Sie enthalten aber auch größere Brocken. Der Körper aus Hartbrandsteinen besteht aus Material der Korngröße von 4 bis 8 cm.

In der Zahlentafel 3 ist in diesem Falle die in den drei Tropfkörpern erzeugte Sauerstoffmenge E nach Gleichung (3) zusammengestellt, da in diesem Falle die Leistungsfähigkeit der Benetzungsfläche von 1 m³ Brocken hinsichtlich der Übertragung von Sauerstoff auf die hindurchrieselnde Abwassermenge R als Bewertungsmaßstab herangezogen werden muß. Bei allen weiteren Untersuchungen dieses Abschnittes ist daher immer mit der Sauerstofferzeugung nach Gleichung (3) gerechnet worden.

Zahlentafel 3.

Raumbelastung $\frac{m^3}{Tag}/m^3$	$KMnO_4$-Verbrauch 10 min Kochprobe		Sauerstofferzeugung in kg bei der 10 mi Kochprobe			$\frac{KMnO_4}{Tag}/m^3$ bei der 4 Std. Probe		
	Rohwasser mg/l	Ablauf Klärbecken mg/l	Lava	Schlacke	Steine	Lava	Schlacke	Steine
2,92	181	52,8	0,18	0,18	—	0,15	0,15	—
	145	34,1	—	0,16	0,13	—	0,12	0,10
	197	47,3	0,20	—	0,17	0,16	—	0,16
4,80	190	40,0	0,33	0,33	0,26	0,19	0,25	0,23
8,75	181	52,8	—	—	0,39	—	—	0,38
	145	34,1	0,30	—	—	0,21	—	—
	197	47,3	—	0,48	—	—	0,39	—

Wenn auch die Schlackenkörper im Durchschnitt bei den kleineren Raumbelastungen eine etwas größere Sauerstoffmenge erzeugen als die Klinkerkörper, so gleichen sich doch die Leistungen bei den höheren Belastungen einander an. Dieses tritt vor allem bei dem $KMnO_4$-Verbrauch in 4 h deutlich zutage.

Der Leistungsrückgang der Schlackenkörper muß in diesem Falle darauf zurückgeführt werden, daß diese bei den hohen Raumbelastungen sehr zu Pfützenbildungen neigten. Die stark zerklüftete Oberfläche feinkörniger Schlacke begünstigte die Schlammbildung in der obersten Schicht, verhinderte das Durchspülen der ausgeschiedenen Stoffe und förderte die Bildung großer Mengen weißer Schwefelbakterien. Durch Aufharken der Deckschicht in kurzen Zeitabständen konnte die Pfützenbildung auch bei den großen Raumbelastungen während der jeweils 8tägigen Versuchsdauer in den zulässigen Grenzen gehalten werden.

An der Oberfläche des Klinkerkörpers entwickelte sich dagegen eine grüne Algenschicht, die jedoch durch rechtzeitiges selbsttätiges Abspülen in den für die Abwasserreinigung erforderlichen Grenzen gehalten werden konnte. An der Unterseite der obersten Brocken entwickelten sich die Tubifiziden sowie Spychoda-Larven und Fliegen in ausreichendem Umfang. Infolge der ständigen Befeuchtung der Oberfläche mit Abwasser wurde das Ausschwärmen der Fliegen nahezu völlig verhindert.

Auf Grund dieser Ergebnisse wurden dann auch die noch auf dieser Kläranlage zu erstellenden drei Tropfkörper mit Füllstoffen aus Klinkern (Rotterdamer Bauschutt) gefüllt. Nach Beendigung der biologischen Reifezeit haben diese Körper sich genau so gut bewährt wie die aus Schlacken und Lava.

Aus den Untersuchungen von Demoll, Liebmann [10], Beger [11] und Schreiber [12] geht ebenfalls hervor, daß die Klüftung der Benetzungsfläche keinen Einfluß auf die Leistung der Tropfkörper hat, denn die Kleinlebewelt kann sich selbst auf sehr ebenen und glatten Flächen, wie Holzplanken und Tontellern, in ausreichender Menge ansiedeln und die Oxydation des Abwassers mit Erfolg durchführen.

b) Einfluß der Art der Benetzungsfläche auf die Leistung der Tropfkörper.

Aus den von Halvorson durchgeführten Untersuchungen (Zahlentafel 2, Bild 4) geht hervor, daß die in den drei Tropfkörpern erzielte Sauerstoffzufuhr, trotz des großen Unterschiedes in der Rauhigkeit der Benetzungsflächen, sehr gut miteinander übereinstimmt. Es liegt also kein Grund zu der Annahme vor, daß Füllstoffe mit rauher und gebrochener Benetzungsfläche für den Bau von Tropfkörpern geeigneter wären, als solche mit glatten und ebenen Flächen.

Bei den Untersuchungen über die Reinigung von Molkereiabwasser [13] wurde die Leistungsfähigkeit von Tropfkörpern aus neuen und verrosteten Konservendosen (Bild 7)

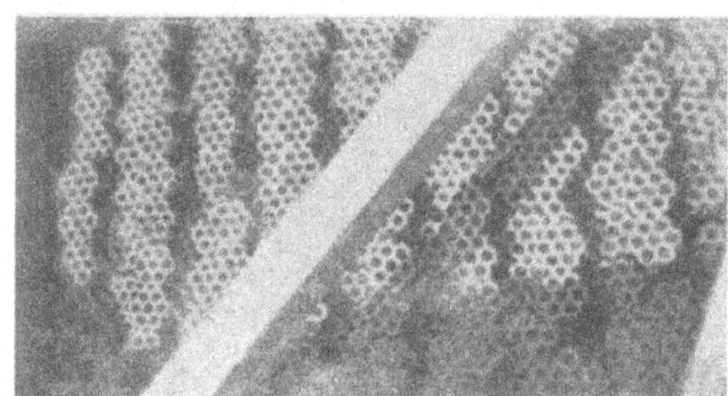

Tropfkörper aus Hohlsteinen nach Vorschlag von Halvorson.

Tropfkörper aus Blechdosen für die Reinigung von Molkerei-Abwasser.

Bild 7. Füllstoffe für Tropfkörper.

miteinander verglichen. Selbstverständlich sind die neuen Blechdosen nach den ersten Versuchen auch bereits so weit verrostet, daß ihre Oberfläche genau so rauh ist wie die der alten Dosen. Ein Unterschied in der Leistungsfähigkeit könnte also nur während der ersten Versuche in Erscheinung treten. Es sind daher nur die Ergebnisse der ersten beiden Versuche in der Zahlentafel 4 zusammengestellt.

Zahlentafel 4.

Versuch Nr.	Oberfläche Größe m²/m³	Oberfläche Art	Raumbelastung $\frac{m^3}{Tag}/m^3$	Sauerstofferzeugung $\frac{kg\ O_2}{Tag}/m^3$
1	92	rostig	13,23	5,69
	92	glatt	12,20	4,68
	82	rostig	14,23	5,54
	82	glatt	11,18	4,47
2	92	rostig	9,15	1,73
	92	glatt	9,15	1,71
	82	rostig	8,12	1,365
	82	glatt	8,12	1,615

Die Sauerstofferzeugung der Körper aus alten Blechdosen ist zwar bei Versuch 1 infolge der größeren Raumbelastung ebenfalls größer als bei denen aus den neuen Dosen mit glatter Oberfläche. Bei dem zweiten Versuch, der bei gleichen Raumbelastungen durchgeführt worden ist, wurden dahingegen die gleichen Leistungen bei alten und neuen Dosen erreicht.

Diese Ergebnisse weisen also ebenfalls darauf hin, daß die Leistungsfähigkeit der Tropfkörper nicht von der Art der Benetzungsfläche beeinflußt wird. Die in der Stuttgarter Kläranlage Mühlhausen von Sohler [8] gemachten Betriebserfahrungen bestätigen voll und ganz diese Schlußfolgerungen, da sich auf der glatten Benetzungsfläche der zum Aufbau der dortigen Tropfkörper benutzten Kalksteine eine ausreichende Menge an biologischen Organismen ansiedelte, die das Abwasser mittlerer Verschmutzung selbst bei Raumbelastungen von 9 $\frac{m^3}{Tg}$ /m³ weitgehendst reinigt.

c) Einfluß der Größe der Benetzungsfläche auf die Leistung der Tropfkörper.

Die Oberfläche der verschiedenen Gesteine wurde von den Forschern auf den Gebieten des Beton- und Straßenbaues ermittelt. Eine eingehende Ableitung der Oberflächen von Kies verschiedener Korngrößen ist in den Mitteilungen der Versuchsanstalt für Straßenbau an der T. H. Stuttgart, Heft II [14], ausgearbeitet worden. In dieser Veröffentlichung sind auch die bis dahin erschienenen Ermittlungen über die Oberflächen gebrochener Steine zusammengestellt. Im folgenden ist versucht worden, die Untersuchungen über die Größe der Oberfläche von Kies sinngemäß auf die gebrochener Steine zu übertragen.

Spez. Gewicht des Gesteins $= s$ kg/m³,

Anzahl der Körner in der Gewichtseinheit $= n'$,

Anzahl der Körner in der Raumeinheit $= n$.

Es bestehen dann folgende Beziehungen: $n' : s = n$. Mittleres Volumen eines Kornes

$$V_m = \frac{1}{n} = \frac{1}{n' s}.$$

Wird angenommen, daß die gebrochenen Gesteine Würfel mit der Kantenlänge a bilden, so ist auch $V_m = a^3$. Da die Oberfläche f eines Würfels der Kantenlänge $a = 6\,a^2$ und $a^2 = \frac{V_m}{a}$ ist, ergibt sich für f

$$f = 6\,a^2 = 6\,\frac{V_m}{a}.$$

Wird der obige Wert für V_m in diese Gleichung eingeführt, so wird $f = \frac{6}{n' \cdot s \cdot a}$ (Oberfläche eines Kornes).

Die Oberfläche der in der Gewichtseinheit enthaltenen Körner beträgt dann

$$F = n' f = \frac{n' 6}{n' \cdot s \cdot a} = \frac{6}{s \cdot a}.$$

Wird angenommen, daß die Korngröße des Materials mit Rundlochsieben zwischen den Lochdurchmessern d_1 und d_2 ausgesiebt wird, so gilt für den mittleren Lochdurchmesser

$$d_m = \frac{2 \cdot d_1 \cdot d_2}{d_1 + d_2}.$$

Der Lochdurchmesser ist aber auch gleichzeitig die Diagonale der Würfelfläche a^2. Es ist daher

$$a = d_m \frac{1}{\sqrt{2}} = \sqrt{2}\,\frac{d_1 d_2}{d_1 + d_2}.$$

Die von 1 kg gebrochenen Gesteinen gebildete glatte Oberfläche einer Korngröße mit den Grenzdurchmessern d_1 und d_2 ist dann also

$$F = \frac{6 \cdot (d_1 + d_2)}{s \cdot \sqrt{2} \cdot d_1 \cdot d_2} \quad \ldots \ldots \ldots (6)$$

Das spez. Gewicht der Granite und Kalkgesteine schwankt zwischen 2,5 und 2,7 kg/l. Wird für diese Untersuchungen als Mittelwert 2,6 kg/l angenommen, so ergibt sich die theoretische Oberfläche in dcm² für 1 kg Gesteinsmaterial der Korngröße d_1 bis d_2 zu

$$F = 1{,}63\,\frac{d_1 + d_2}{d_1 \cdot d_2} \quad \ldots \ldots \ldots (7)$$

Wird d in m eingesetzt, so wird die Konstante für 100 kg Steinschlag 0,163.

Die mit Hilfe dieser Formel errechneten Werte liegen, wie aus der nachfolgenden Zahlentafel 5 hervorgeht, um 9 bis 13%, im Mittel also um 11% unter den von Edwards [14] ermittelten Oberflächen. Dieses wird darauf zurückzuführen sein, daß die Kantenlänge des mittleren Würfels mit Hilfe der obigen Formel etwas zu groß ermittelt wird. Es müßte wie für Kies ein Multiplikator eingesetzt werden, der etwa bei 0,9 liegen würde. Eine genaue Ermittlung dieses Wertes ist aus Mangel an Unterlagen nicht möglich und dürfte auch über den Rahmen der Arbeit hinausgehen. Außerdem hat sich herausgestellt, daß auch die Größe der Gesteinsoberfläche nicht den Einfluß auf die Leistungsfähigkeit des Tropfkörpers hat, wie bisher vielfach angenommen wurde. Aus diesem Grunde erübrigt es sich also, die Gesteinsoberflächen mit größerer Genauigkeit als vorstehend angegeben zu ermitteln. Es genügt vielmehr, Werte zu schaffen, die die Möglichkeit bieten, die Leistungsfähigkeit von Tropfkörpern, die aus Füllstoffen verschiedener Korngrößen aufgebaut sind, miteinander vergleichen zu können.

Zahlentafel 5.

Korngröße d_1 mm	d_2 mm	mittlerer Durchmesser dm mm	Oberfläche nach der Formel m²	für 100 kg nach Edwards m²	Multiplikator
12,7	19,2	15,3	21,4	25,5	1,19
19,2	25,4	21,8	15,0	17,0	1,13
25,4	38,2	30,5	10,7	12,0	1,12
38,2	50,8	43,6	7,5	8,2	1,09

Mit Rücksicht auf die von Edwards gefundenen Werte wird für die Ermittlung der tatsächlichen Benetzungsflächen

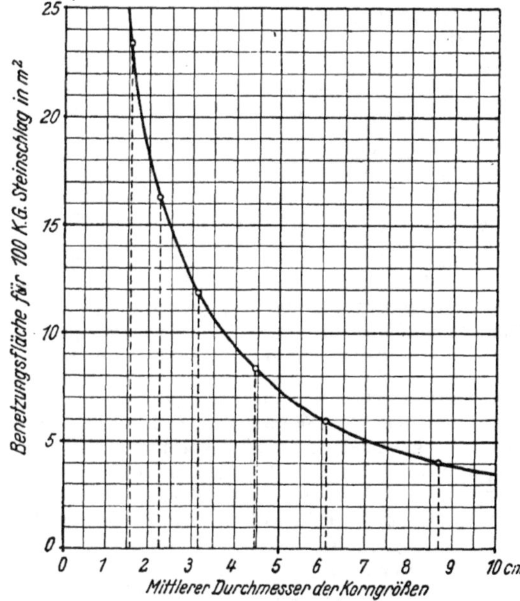

Bild 8. Benetzungsfläche von Steinschlag.

Für 100 kg Brocken $F = 0{,}18\,\frac{d_1 + d_2}{d_1 \cdot d_2}$

Für 1 m³ Brocken $F = 2{,}335\,\frac{d_1 + d_2}{d_1 \cdot d_2}$

bis $F = 2{,}80\,\frac{d_1 + d_2}{d_1 \cdot d_2}$

Grenzdurchmesser der Korngrößen d_1	d_2	Mittl. Durchm. d_m	Benetzungsfläche für 100 kg Steinschlag	für 1 m³ Steinschlag
12,7 mm	19,2 mm	15,3 mm	23,4 m²	374 m²
19,2 »	25,4 »	21,8 »	16,3 »	262 »
25,4 »	38,2 »	30,5 »	11,8 »	190 »
38,2 »	50,8 »	43,6 »	8,2 »	133 »
50,8 »	76,2 »	60,9 »	5,9 »	95 »
76,2 »	101,6 »	87,1 »	4,1 »	66 »

der Multiplikator von 1,10 als das Verhältnis von der tatsächlichen zur theoretischen Fläche eingeführt, so daß sich für diese nunmehr die Beziehung ergibt:

$$F = 0{,}163 \cdot 1{,}10 \frac{d_1 + d_2}{d_1 \cdot d_2} = 0{,}18 \frac{d_1 + d_2}{d_1 \cdot d_2} \text{ (m}^2\text{/100 kg)} \quad (8)$$

Auf Grund der bisherigen Feststellung kann, ohne große Fehler zu begehen, angenommen werden, daß lose geschütteltes Gestein gleicher Körnung 40 bis 50% Hohlräume hat. Das Raumgewicht derartiger Gesteinsmassen schwankt also zwischen 0,5 s und 0,6 s. Durch Einführung des Multiplikators in Gleichung (5) ergibt sich dann die Benetzungsfläche zu:

$$F = \frac{6}{s \cdot \sqrt{2}} \cdot 0{,}5\, s \frac{d_1 + d_2}{d_1 \cdot d_2} = 2{,}333 \frac{d_1 + d_2}{d_1 \cdot d_2} \text{ bis } 2{,}80 \frac{d_1 + d_2}{d_1 \cdot d_2} \quad (9)$$

Die Benetzungsflächen für 100 kg und 1 m³ gebrochenes Gestein sind in Bild 8 dargestellt und tabellarisch zusammengefaßt.

Zur Bestimmung der Benetzungsflächen der Füllstoffe wird zunächst durch eine Siebanalyse ihre Korngrößenzusammensetzung ermittelt. Für jede einzelne Korngröße wird dann mit Hilfe der obigen Gleichungen die Benetzungsfläche ermittelt und entsprechend dem von Hundertanteil der Korngröße eingesetzt. Die Summe der Teilflächen kann dann als Benetzungsfläche der Raum- oder der Gewichtseinheit in Rechnung gebracht werden.

Die Siebanalyse der Füllstoffe des Versuchskörpers der Anlage Chikago-West, die von Mohlmann [15] veröffentlicht wurde, ist auf die vorstehende Weise in der nachfolgenden Zahlentafel 6 ausgewertet worden.

Zahlentafel 6.

Versuchskörper Chikago-West,
Körperhöhe H = 2,44 m, Dmr. 6,10 m,
Durchflußfläche 29,2 m², Inhalt 71,4 m³,
Füllstoff: Kalkdolomit.

Korngröße mm	% Anteil	Benetzungsfläche gesamt m²/100 kg	Benetzungsfläche Anteil m²
25—38	2	12,0	0,24
38—51	10	8,3	0,83
51—64	25,7	6,4	1,64
64—75	38,5	5,2	2,10
75—90	23,8	4,4	1,05

Benetzungsfläche für 100 kg Material 5,86 m²,
Benetzungsfläche für 1 m³ Füllstoff mit einem geschätzten Raumgewicht von 1600 kg/m³ = 94 m².

Die im Bild 8 errechneten Benetzungsflächen sind zum Vergleich mit den von Pönninger bestimmten Rasenmengen in Bild 6 eingetragen. Aus dem Verlauf der Kurven geht hervor, daß die Dicke der Rasenschicht nicht konstant ist, sondern mit zunehmender Korngröße wächst. Dieses ist vermutlich darauf zurückzuführen, daß grobe Brocken eine kleine Anzahl größerer Hohlräume bilden, in denen die Wachstumsbedingungen für die Kleinlebewelt infolge guter Lüftung und Berieselung günstiger sind, als in einer großen Anzahl kleiner Hohlräume, wie diese sich bei der Verwendung von Füllstoffen aus kleinerem Korn ergeben.

Andererseits weisen die auf der Kläranlage Hilversum-Liebergerheide gemachten Beobachtungen darauf hin, daß sich allzu große Hohlräume — wie sie bei der Verwendung von Bauschutt aus halben bis ganzen Backsteinen entstehen — bei ungenügender Spülwirkung ebenso leicht mit Humusschlamm füllen wie die kleineren Hohlräume. Wenn das Abwasser auch trotz der ausgefüllten großen Hohlräume immer noch ohne Pfützenbildung durch die Körper rieseln kann, so können sich jedoch die dort aufgespeicherten biologischen Organismen nur in sehr geringem Umfange an der Abwasserreinigung beteiligen. Da jedoch nur die Kleinlebewelt wirksam an der Abwasserreinigung teilnimmt, die mit dem durch den Tropfkörper rieselnden Abwasser ständig in Berührung ist, so muß die Benetzungsfläche der Füllstoffe als Siedelgebiet für die biologischen Organismen so ausreichend groß gewählt werden, daß sich die günstigsten Verhältnisse für ihre Entwicklung und Abspülung, sowie die Lüftung der Körper ergeben.

Die in Colvick [16] durchgeführten Versuche über die Reinigung von Zuckerfabriksabwässern auf Tropfkörpern weisen auf die Wechselwirkungen zwischen der Korngrößenzusammensetzung der Füllstoffe und der Dauer der Einarbeitungszeit hin. Der Fortschritt der Einarbeitung hängt von dem der Rasenbildung ab und dieser ist wiederum an der Verlängerung der Kontaktzeit des Abwassers mit den Brocken zu erkennen. Während der Arbeitsperiode 1928/29 sind an aufeinanderfolgenden Betriebstagen für die vier verschiedenen Tropfkörper die in Zahlentafel 7 zusammengestellten Kontaktzeiten bei einer Raumbelastung von 0,6 $\frac{m^3}{Tg}$/m³ festgestellt worden.

Zahlentafel 7.

Tropfkörper Füllstoff	I Kiessand	II Schlacke	III Sand	IV Feinschlacke
Korngröße mm	19—38	9—19	2—6	3—6
Oberfläche m²/m³	222	413	1850	1260
Kontaktzeit nach 2 Tagen	51	72	204	378 min
» » 26 »	43	68	244	401 „
» » 53 »	351	500	435	603 „

Die Kontaktzeiten lassen zunächst erkennen, daß sich die Bildung der Rasenschicht in den Füllstoffen aus kleinem Korn schneller vollzieht als bei solchen aus gröberem Gestein.

Die Einarbeitungszeit der Tropfkörper ist demzufolge um so länger, je größer die Korngröße des Gesteins gewählt wird. Die Kontaktzeiten der Körper *I* und *II* nehmen erst nach dem 26. Tage zu, während diese bei den anderen beiden Körpern bereits von Anfang an regelmäßig wachsen. Auffallend ist dann jedoch die wesentlich raschere Zunahme der Durchflußzeiten bei den ersten beiden Körpern im Vergleich zu der der beiden andern. Nach 53 Arbeitstagen hat der Körper *II* den aus feinstem Korn aufgebauten Körper *III* bereits weit überflügelt. Dieses ist sicher ein Zeichen dafür, daß die sich wirksam an der Reinigung beteiligende Rasenmenge in Körper *II* ebenfalls größer ist als in dem dritten. Der Verlauf der Kontaktzeiten und damit auch die Bildung der Rasenmenge erweckt den Anschein, als ob diese in dem vorliegenden Falle nach ge-

Zahlentafel 8.

Füllstoff	Nr.	l	Abmessungen Außen-Ø mm	Abmessungen lichter Ø mm	Oberfläche m²/m³	Sauerstofferzeugung in $\frac{kg\ O_2}{Tag}$/m³ bei der Raubelastung von 1,021	2,042	4,084	8,168 $\frac{m^3}{Tg}$m³
Raschig-Ringe	1	60	60	44,5	74	0,1665	0,2630	0,6450	1,504
Granit	2		25—90		80	0,1652	0,2692	0,5810	1,4468
Hohlsteine	3				92	0,1682	0,2735	0,6390	1,5120
Raschig-Ringe	4	40	40	26,5	115	0,1645	0,2810	0,6040	1,569
» »	5	26	27,5	16,1	168	0,1726	0,2930	0,6150	1,651
» »	6	20	20	12,3	249	0,1775	0,3080	0,6130	1,651

nügend langer Arbeitszeit Höchstwerten zustreben, die bei allen vier Körpern nur sehr wenig voneinander abweichen.

Der Einfluß der Größe der Benetzungsfläche von Füllstoffen auf die Leistungsfähigkeit der Tropfkörper wurde in der Iowa Engineering Experiment Station, Ames [7] mit großer Sorgfalt untersucht. Hier wurden Raschig-Ringe aus gebranntem Ton von verschiedener Größe (Bild 9) und demzufolge auch mit verschiedener Oberflächengröße verwendet. Ein Vergleichskörper aus Granit der Körnung 25 bis 75 mm wurde zur Kontrolle der Ergebnisse mit den übrigen Versuchskörpern mit dem gleichen Abwasser beschickt. Die Benetzungsfläche der verschiedenen Füllstoffe sowie die Sauerstofferzeugung bei den verschiedenen Raumbelastungen sind in der Zahlentafel 8 zusammengestellt.

Die Sauerstofferzeugung wurde in Bild 10 in Abhängigkeit von der Größe der Benetzungsfläche aufgetragen. Aus dem Verlauf der Kurven geht hervor, daß die Sauerstofferzeugung mit wachsender Benetzungsfläche zunimmt. Diese Abhängigkeit tritt besonders deutlich bei der Raumbelastung von $2{,}042\ \frac{m^3}{Tg}/m^3$ in Erscheinung. Wenn auch die übrigen Versuchsergebnisse etwas streuen, so bestätigen sie doch, daß die Sauerstofferzeugung im Abwasser eine Funktion der Benetzungsfläche ist, die durch die Gleichung bestimmt ist

$$E = A \cdot F^{0,12} \qquad (10)$$

Hierin ist A ein für jede Raumbelastung, durch den Sauerstoffbedarf und die Temperatur des Abwassers, sowie die Körperhöhe bestimmter Wert, der später noch näher festgelegt wird.

Der Potentialwert der Benetzungsfläche $F^{0,12}$, der als Benetzungswert bezeichnet wird, ist wie der Umsetzungsgrad unabhängig von der Bauart der Tropfkörper und der Abwasserbeschaffenheit. Die Größenordnung der Exponenten weist, wie vorstehend bereits vermerkt wurde, darauf hin, daß die Leistungsfähigkeit des Tropfkörpers, entgegen den Ansichten von Schreiber [12], nur in verhältnismäßig geringem Ausmaße von der Körnung der verwendeten Füllstoffe beeinflußt wird.

Auch diese Ergebnisse, die sich trotz der Verwendung von Füllstoffen aus Granit und Raschig-Ringen aus gebranntem Ton in keiner Weise voneinander abheben, weisen darauf hin, daß die Gestalt und Art der Benetzungsfläche keinen Einfluß auf die Sauerstofferzeugung ausübt, sondern daß diese lediglich von der Größe der Benetzungsfläche bestimmt wird.

Eine eingehende Untersuchung über den Einfluß der Größe der Benetzungsfläche auf die Leistung der Tropfkörper wurde auch bei den Voruntersuchungen über die Reinigung von Abwässern der Zuckerfabriken [16] durchgeführt. Hierbei wurden u. a. drei Versuchskörper von 0,61 m Höhe und 0,15 m Dmr. mit Schlacken verschiedener Korngröße verwendet. Die Ergebnisse sind in der Zahlentafel 9 zusammengestellt.

Da die mittleren Verhältniszahlen der Sauerstoffzufuhrwerte gut mit denen der Benetzungswerte übereinstimmen, ist somit der Beweis erbracht, daß Gleichung (10) und der Benetzungswert nicht nur allein für den Bereich der in der Versuchsanlage Ames untersuchten Benetzungsflächen gültig ist, sondern darüber hinaus auch für sehr große Werte bis zu 1400 m²/m³ richtige Werte liefert.

Gleichzeitig findet auch die vorstehend entwickelte Formel (9) über die Größe der Benetzungsfläche der

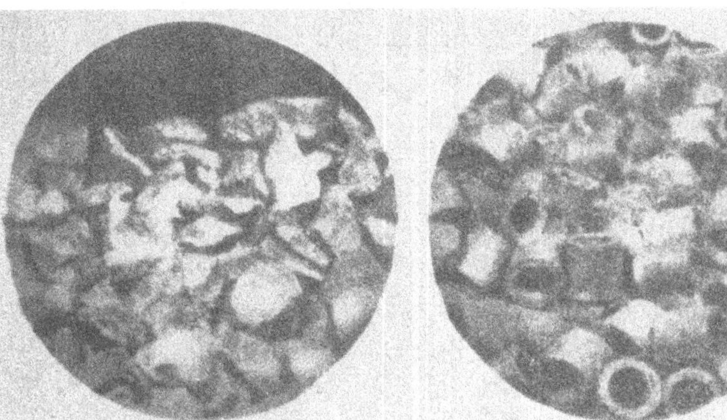

Granit 25—90 mm
$F = 80$ m²/m³

Ringe ∅ 40/26,5 mm
$F = 115$ m²/m³

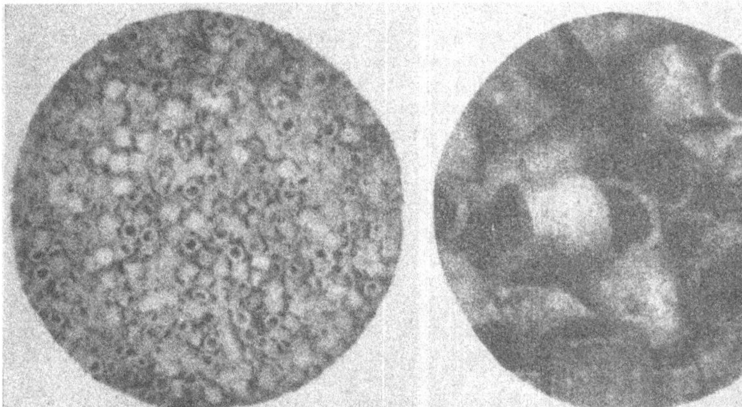

Ringe ∅ 20/12,3 mm
$F = 249$ m²/m³

Ringe ∅ 60/44,5 mm
$F = 74$ m²/m³

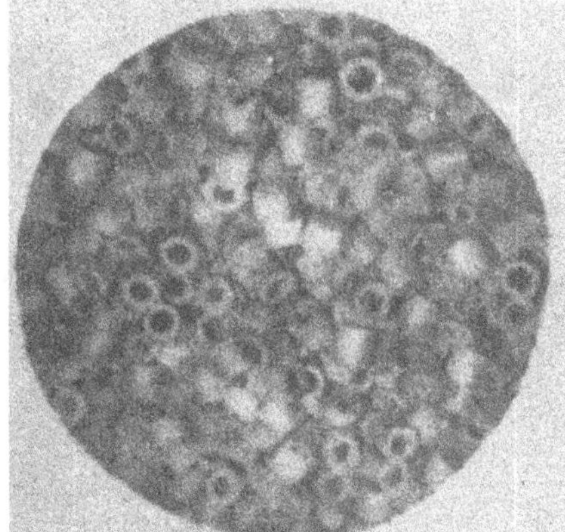

Ringe ∅ 27,5/16,1 mm
$F = 168$ m²/m³

Hohlsteine
$F = 92$ m²/m³

Bild 9. Füllstoffe für Tropfkörper aus Granit und gebranntem Ton.

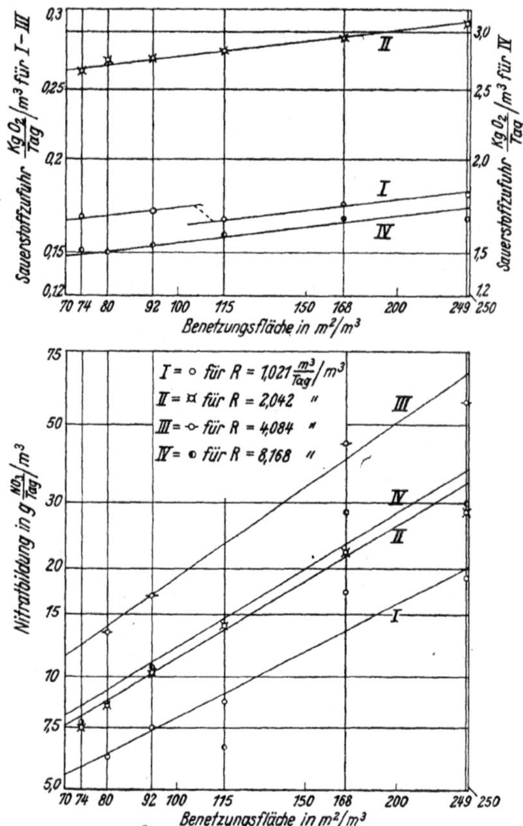

Bild 10. Sauerstoffzufuhr und Nitratbildung bei verschiedener Raumbelastung und Benetzungsfläche der Füllstoffe.

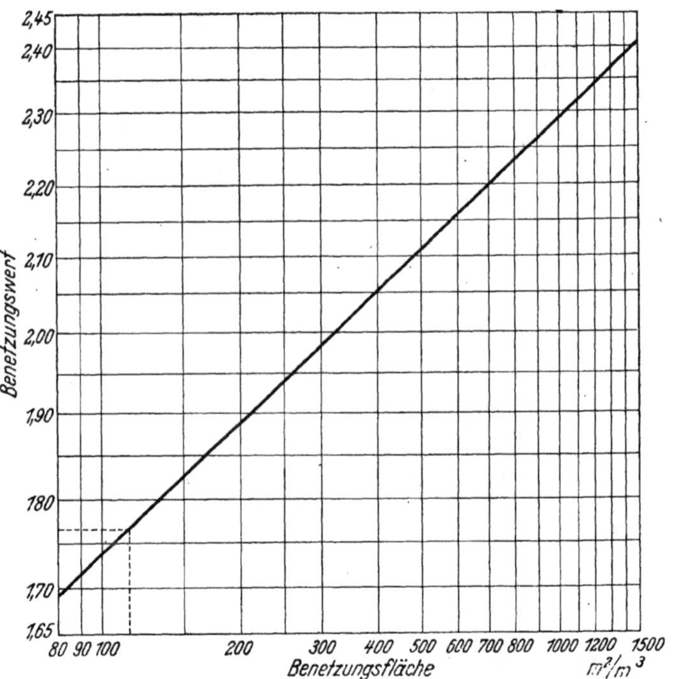

Bild 11. Benetzungswert $F^{0,12}$ für $F = 115\,m^2/m^3$ ist der Benetzungswert = 1,766.

Füllstoffe ihre Bestätigung, so daß ihrer sinngemäßen Anwendung nichts entgegen steht.

Bei den Untersuchungen über die Umwälzkörper hat Schreiber [12] Füllstoffe mit Benetzungsflächen von 800 bis 1700 m²/m³ verwendet. Auch die mit diesen Körpern erzielten Leistungen fügen sich, wie später noch nachgewiesen wird, sehr gut in den Rahmen dieser Feststellungen ein, so daß noch eine weitere Bestätigung ihrer Richtigkeit vorliegt.

Der Benetzungswert ist in Bild 11 in Abhängigkeit von der Benetzungsfläche aufgetragen und kann dort mit ausreichender Genauigkeit für Flächen von 60 bis 1500 m²/m³ abgelesen werden.

Zahlentafel 9.

Tropfkörper	I	II	III
Korngröße der Schlacke in mm	12—25	6—12	3—6
Benetzungsfläche nach Gleich. (8) m²/m³	350	700	1400
Benetzungswert $F^{0,12}$	2,020	2,195	2,385
Verhältniszahl der Benetzungswerte	1,0	1,086	1,175
Versuch 1: Sauerstofferzeugung E bei $R = 0{,}593 \frac{m^3}{Tg}/m^3$	0,208*	0,289	0,317 $\frac{kg\ O_2}{Tag}/m^3$
Versuch 2: Sauerstofferzeugung E bei $R = 0{,}593$ »	0,256	0,254*	0,298
Versuch 3: Sauerstofferzeugung E bei $R = 0{,}890$ »	0,379	0,416	0,469
Versuch 4: Sauerstofferzeugung E bei $R = 1{,}186$ »	0,356	0,375	0,451
Mittlere Verhältniszahlen der Sauerstoffzufuhrwerte E	1,0	1,071	1,217

* = nicht berücksichtigte Werte.

Um höchste Leistungen bei größter Betriebssicherheit erzielen zu können, müssen auf Grund der bisherigen Beobachtungen die Benetzungsfläche, ihre Rauhigkeit und Klüftung den jeweiligen Verhältnissen angepaßt werden. Und zwar sollten diese Werte um so kleiner gewählt werden, je stärker das zu reinigende Abwasser verschmutzt ist. Mit abnehmender Abwasserverschmutzung können sie dagegen entsprechend größer gewählt werden.

Diese Zusammenhänge, auf die auch Imhoff [5] hinweist, wurden bereits von Jenks bewußt bei dem Bau der Versuchskörper in Chikago-West [15 und 17] angewandt. Die Biofilteranlage besteht aus zwei hintereinander geschalteten Tropfkörpern mit zwischengeschalteten Klärbecken. Die Siebanalysen, sowie die Benetzungsflächen der Füllstoffe sind in der Zahlentafel 10 zusammengestellt.

Für die Füllstoffe des Tropfkörpers der zweiten Stufe, dem das bereits vorgereinigte Abwasser zufließt, wurde also eine Körnung mit einer etwa doppelt so großen Oberfläche gewählt wie für die des Körpers der ersten Stufe, dem das rohe Abwasser zugeleitet wird und in dem sich erfahrungsgemäß mehr Schlamm abscheidet als in dem der zweiten Stufe.

Die Einarbeitung und Reifung dieser Versuchskörper erstreckte sich über mehrere Monate. Dieses ist einerseits

Zahlentafel 10.

Versuchskörper: 4,58 m ∅; 0,915 m hoch;
Füllstoff: Kalkdolomit

Korngröße mm	I. Stufe Gew.-Anteil %	I. Stufe Benetzungsfläche für 100 kg m²	I. Stufe Benetzungsfläche für Gew.Anteil m²	II. Stufe Gew.-Anteil %	II. Stufe Benetzungsfläche für 100 kg m²	II. Stufe Benetzungsfläche für Gew.Anteil m²
64—75	10,4	5,2	0,54			
51—64	37,2	6,4	2,38			
38—51	46,5	8,3	3,85			
25—38	5,9	12,0	0,71	74	12,0	8,9
19—25				24,7	16,5	4,1
12—19			—	1,3	24,5	0,32
Benetzungsfläche für 100 kg Füllstoff			7,48 m²			13,32 m²
Benetzungsfläche für 1 m³ Füllstoff			120 m²			214 m²

auf die zu Anfang der Versuchsperiode herrschenden niedrigen Abwasser- und Lufttemperaturen zurückzuführen. Die Entwicklung des biologischen Rasens wurde andererseits auch dadurch noch verzögert, daß die an sich sehr dünnen Abwässer von Chikago durch Rückführung von bereits gereinigtem Abwasser noch weiter verdünnt wurden. Das zu reinigende Abwasser durchlief die Tropfkörper mit so großer Geschwindigkeit, daß die sich auf der Benetzungsfläche angesiedelten geringen Rasenmengen zu früh wieder abgespült wurden. Bei Eintritt der wärmeren Jahreszeit wurden durch vorübergehende Ermäßigung der Raumbelastung die Ansiedlungs- und Entwicklungsbedingungen für die Mikroorganismen so weit verbessert, daß bei den anfänglich gewählten Belastungen der gewünschte Reinigungsgrad erreicht werden konnte.

d) Einfluß der Benetzungsfläche auf die Bildung von Nitraten.

In der Veröffentlichung der Ergebnisse der Versuchsanlage Ames [7] wurde bereits darauf hingewiesen, daß die Nitratbildung bei der Reinigung des Abwassers bei gleicher Raumbelastung mit der Größe der Benetzungsfläche zunimmt. In der folgenden Zahlentafel 11 sind die in 1 m³ Füllstoffe gebildeten Tagesmengen an Nitrat zusammengestellt. Die Niratbildung ist ebenfalls in Bild 10 in Abhängigkeit von der Benetzungsfläche dargestellt.

Zahlentafel 11.

Füllstoff Nr.	Benetzungsfläche m^2/m^3	Nitratbildung in g/Tag/m³ bei Raumbelastungen von 1,021	2,042	4,084	8,168 $\frac{m^3}{Tg}/m^3$
1	74	3,47	7,35	7,75	1,635
2	80	6,23	8,37	13,49	1,635
3	92	7,45	10,82	16,75	10,61
4	115	8,68	14,09	1,634	6,54
5	168	17,25	22,25	44,10	28,60
6	249	19,00	28,80	57,10	30,25

Es fällt auf, daß die Nitratbildung mit steigender Raumbelastung zunächst schnell einem Höchstwert zustrebt, um dann wieder abzunehmen. Bei gleicher Raumbelastung und sonst gleichen Versuchsbedingungen könnte die Nitratbildung (N) zufolge des Verlaufes der Kurven in Bild 10 nach der Formel errechnet werden

$$N = a\,F^r.$$

Hierin ist a eine Konstante, die für die obigen Raumbelastungen zwischen 0,725 und 0,775 liegt. Der Exponent r der Benetzungsfläche ist von der Raumbelastung abhängig und hat die in der Zahlentafel 12 zusammengestellte Größe.

Zahlentafel 12.

Raumbelastung	1,021	2,042	4,084	8,168 $\frac{m^3}{Tg}/m^3$
Exponent r für F	1,03	1,20	1,40	1,25

Auf eine genauere Festlegung der Größe des Exponenten r in seiner Abhängigkeit von der Raumbelastung, Abwasserverschmutzung und Bauart des Tropfkörpers muß aus Mangel an vergleichbaren Betriebsergebnissen leider verzichtet werden.

Da sich mit steigender Raumbelastung auch die im Tropfkörper aufgespeicherte Schlammenge vermehrt, weisen diese Ergebnisse darauf hin, daß die Nitratbildung übereinstimmend mit den Ausführungen von Imhoff [18] von der Menge der im Körper vorhandenen biologischen Organismen abhängt. Der Rückgang der Nitratbildung bei weiterer Steigerung der Raumbelastung könnte daher als Folge der mechanischen Ausspülung der für die Nitratbildung erforderlichen Organismen gedeutet werden. Da nach den Beobachtungen von Reichle [19], Beger [18], Husmann [20] und Viehl [21] nur der Schlamm der Mesosaprobenstufe an der Nitratbildung beteiligt sein kann, so muß der obige Rückgang der Oxydation der Stickstoffverbindungen bei weiterer Steigerung der Raumbelastung auch auf eine Ausdehnung der Polysaprobenstufe zugunsten der Mesosaprobenstufe im Tropfkörper zurückgeführt werden. Es ist aber auch eine Zusammenwirkung der mechanischen und biologischen Vorgänge denkbar.

3. Einfluß der Körperhöhe auf die Leistung der Tropfkörper.

Alle Untersuchungen über den Einfluß der Höhe auf die Leistungsfähigkeit der Tropfkörper haben zu dem übereinstimmenden Ergebnis der Leistungssteigerung mit zunehmender Höhe geführt. Aus der — vor allem durch die englischen Forscher [16] — allgemein anerkannten Tatsache der Oxydation der leicht abbaufähigen organischen Stoffe in der oberen Hälfte der Tropfkörper, folgerten Jenks [4] und Fischer [22], daß die Leistungsfähigkeit nur in sehr geringem Umfange von der Höhe beeinflußt wird. Sie schlagen daher Tropfkörper mit einer Höhe von 0,9 m vor. Demoll [10] kam bei seinen ersten Untersuchungen über den Scheibentropfkörper zu gleichen Folgerungen. Demgegenüber weist Husmann [20], [23] der Füllstoffhöhe infolge der starken Nitrifikation des Abwassers in der tiefliegenden mesosaproben Zone hoher Tropfkörper und der damit erzielten weitgehenden Stabilisierung des gereinigten Abwassers eine größere Bedeutung zu und schlägt übereinstimmend mit Pönninger [9] den Bau von Tropfkörpern mit 3,5 bis 4,0 m Höhe vor.

Wenn auch Imhoff [5] durch die Herausarbeitung der Zusammenhänge zwischen der Körnung der Füllstoffe, der Lüftung der Körper, der Abwasserverschmutzung und der Tropfkörperhöhe auf die die Höhe bestimmenden Einflüsse gewiesen hat und damit dem Entwurfsingenieur den Weg zu einer bewußten Wahl der Tropfkörperhöhe entsprechend den jeweils vorliegenden Verhältnissen weist, so bleibt doch noch die Bemessung der Größe des Höheneinflusses offen.

Nach Gleichung (4) ist die Sauerstoffzufuhr das Produkt aus dem Umsetzungsgrad und einem durch die Bauart und Betriebsweise des Tropfkörpers bedingten Werte. Ferner wurde nachgewiesen, daß sich die Sauerstoffzufuhr nach Gleichung (9) als das Produkt aus dem Benetzungswert

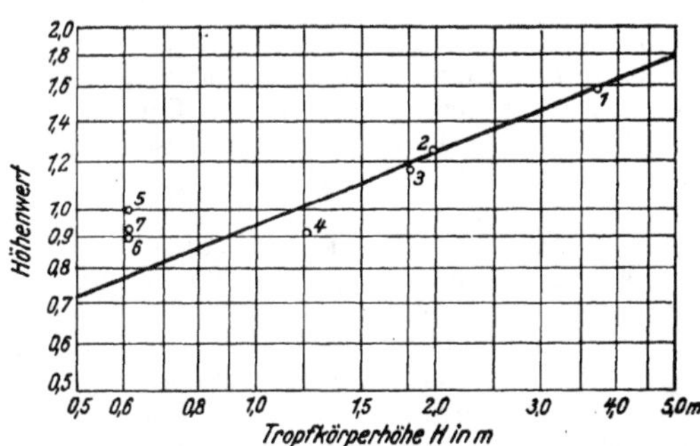

Bild 12. Höhenwert, Tropfkörperhöhe und Sauerstoffzufuhr.

Berechnung des Höhenwertes aus den verschiedenen Betriebsergebnissen.

Nr.	Anlage	Höhe	S_r mg/l	Z mg/l	U	$F^{0,12}$	$\frac{Z}{U\,F^{0,12}}$
1	Beuthen	3.70 m	450	439	0,159	1,749	1,578
2	Cedar Rapids	1,98 »	445	344	0,158	1,735	1,254
3	Colvick	1,83 »	456	407	0,161	2,195	1,152
4	»	1,22 »	456	328	0,161	2,195	0,925
5	»	0,61 »	456	381	0,161	2,385	0,991
6	»	0,61 »	456	316	0,161	2,195	0,893
7	»	0,61 »	456	300	0,161	2,020	0,922

und einem durch die Raumbelastung, den Sauerstoffbedarf und die Temperatur des Abwassers bestimmten Werte ergibt. Demzufolge muß auch die Sauerstoffzufuhr als das Produkt aus dem Umsetzungsgrad, dem Benetzungswert und aus einem von der Bauart der Tropfkörper, der Raumbelastung und der Abwassertemperatur abhängenden Wert B errechnet werden können.

$$Z = U \cdot F^{0,12}\, B = S_r^{1,5}\,(1 - 0,85\, S_r^{0,75}) \cdot F^{0,12}\, B \quad . \; . \quad (11)$$

Wenn bei der Wahl unterschiedlicher Tropfkörperhöhen die Raumbelastung und Abwassertemperaturen gleichgehalten werden, so muß durch Auflösung der Gleichung (11) nach B der Einfluß der Höhe errechnet werden können

$$B = \frac{Z}{U \cdot F^{0,12}} \quad . \; . \; . \; . \; . \; . \; . \; . \; . \quad (12)$$

Trotz der großen Fülle der veröffentlichten Betriebsergebnisse konnte nur eine geringe Anzahl gefunden werden, die den obigen Bedingungen entsprach. Aus den in Beuthen [9], Cedar Rapids [24] und bei den Vorversuchen über die biologische Reinigung von Zuckerfabriksabwässern [16] erzielten Sauerstoffzufuhrwerten sind mit Hilfe von Gleichung (12) in der Zahlentafel des Bildes 12 die B-Werte errechnet. Sie sind dort ebenfalls in Abhängigkeit von der von 0,61 m bis 3,7 m schwankenden Tropfkörperhöhe aufgetragen. Die Punkte liegen entlang einer durch die Beziehung

$$B = C \cdot H^{0,4} \quad . \; . \; . \; . \; . \; . \; . \; . \; . \quad (13)$$

bestimmten Kurve. Der Wert $H^{0,4}$, der in Bild 13 in Abhängigkeit von der Tropfkörperhöhe aufgetragen ist, wird als Höhenwert bezeichnet. Der Wert C ist durch die Abwassertemperatur und die Raumbelastung bestimmt. Für die Ergebnisse 1 und 2 liegt dieser bei 0,95, während er für die anderen Ergebnisse je nach der Raumbelastung und Temperatur größer oder kleiner wird.

Durch Einführung von Gleichung (13) in Gleichung (11) wird dann

$$Z = U \cdot F^{0,12} \cdot H^{0,4} \cdot C = S_r^{1,5}\,(1 - 0,85\, S_r^{0,75})\, F^{0,12} \cdot H^{0,4}\, C \quad (14)$$

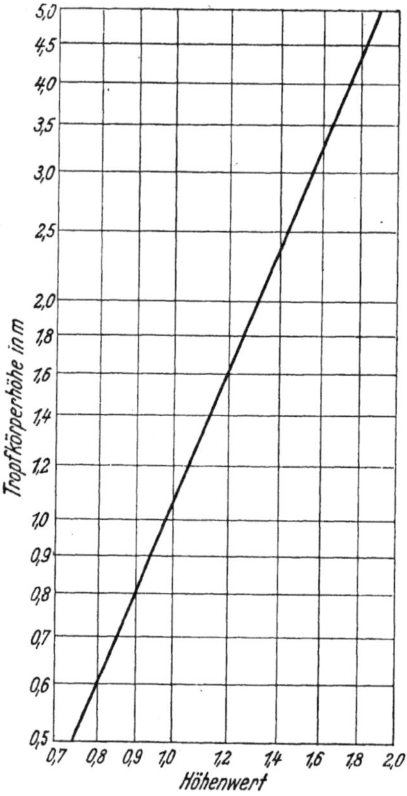

Bild 13. Höhenwert $H^{0,4}$.

Wenn auch der Höhenwert hier nur an Hand von 7 Betriebsergebnissen festgelegt werden konnte, so hat doch seine Anwendung auf eine große Zahl anderer Betriebsergebnisse gute, übereinstimmende Werte geliefert.

4. Einfluß der Raum- und Flächenbelastung auf die Leistung der Tropfkörper.

Die der Raumeinheit des Tropfkörpers (m³) während eines Tages zugeführte Abwassermenge wird als Raumbelastung mit der Dimension $\frac{m^3}{Tg}/m^3$ in die Berechnung eingeführt.

Bei einer gewählten Raumbelastung von Abwasser mit gegebener Verschmutzung kann ein Tropfkörper bestimmter Bauart, je nach den Temperaturverhältnissen eine Höchstmenge an Sauerstoff erzeugen und auf die durchrieselnde Abwassermenge übertragen. Dadurch wird der Sauerstoffbedarf des Abwassers um die ihm zugeführte Sauerstoffmenge vermindert. Wird dem Tropfkörper nun mehr Abwasser zugeleitet, so kann dieser bei sonst gleichen Betriebsverhältnissen eine der veränderten Beschickungsweise entsprechende Höchstsauerstoffmenge auf die vergrößerte Abwassermenge übertragen. Es ist daher zu erwarten, daß der Sauerstoffbedarf des Abwassers bei der größeren Raumbelastung weniger verringert wird, als dieses bei der Zuführung kleinerer Abwassermengen der Fall ist.

Diese kleinere Abnahme des Sauerstoffbedarfes wird vor allem auch auf das schnellere Durchrieseln des Abwassers durch den Tropfkörper zurückgeführt werden müssen, das sich zwangsläufig bei der Wahl größerer Raumbelastungen ergibt. Die von Dr. Imhoff [5] eingeführte Flächenbelastung ist ein guter Maßstab für die Geschwindigkeit, mit der das Abwasser den Tropfkörper in senkrechter Richtung durchfließt. Sie ist einerseits ein Maß für die am Tage auf die Einheit der Durchflußfläche (m²) verteilte Abwassermenge mit der Dimension $\frac{m^3}{Tg}/m^2$, kann aber auch als die Wassersäule gedeutet werden, die am Tage den Tropfkörper durchfließt (m/Tag).

Die Flächenbelastung V wird durch die Teilung der Raumbelastung R durch die Durchflußfläche K gefunden

$$V = R : K$$

Da jedoch 1 m³ Füllstoff bei der Tropfkörperhöhe H eine Durchflußfläche $K = \frac{1}{H}$ hat, so ergibt sich durch Einführung dieses Wertes in die obige Gleichung die wichtige Beziehung zwischen Raum- und Flächenbelastung zu

$$V = R \cdot H \text{ oder } R = \frac{V}{H} \quad . \; . \; . \; . \; . \; . \quad (15)$$

Die auf der Versuchsanlage Ames [7] durchgeführten Untersuchungen haben sich nicht nur auf den Einfluß der Größe der Benetzungsfläche auf die Sauerstofferzeugung erstreckt, sondern dienten auch gleichzeitig zur Erfassung der Abhängigkeiten zwischen der Raumbelastung und der Sauerstoffzufuhr. Die in Zahlentafel 8 und Bild 10 zusammengestellten Betriebsergebnisse führten zunächst zur Aufstellung der Gleichung (10) für die Sauerstofferzeugung als Funktion der Größe der Benetzungsfläche. Durch Zusammenfassung der Gleichungen (10), (3) und (14) kann der C-Wert wie folgt ermittelt werden

$$C = \frac{A}{R \cdot U \cdot H^{0,4}} \quad . \; . \; . \; . \; . \; . \; . \; . \quad (16)$$

Die Ermittlung ist in Zahlentafel 13 in der Weise durchgeführt, daß zunächst aus der Lage der in Bild 10 angegebenen Kurven für die Sauerstofferzeugung die A-Werte von Gleichung (10) bestimmt wurden. Diese sind dann durch das Produkt aus dem Umsetzungsgrad, der Raumbelastung und dem Höhenwert ($H^{0,4} = 1,83^{0,4} = 1,272$) geteilt.

Zahlentafel 13.

Untersuchungszeit	Raumbelastung $R = \frac{m^3}{Tg}/m^3$	Sauerstoffbedarf-Zulauf $S_r = mg/l$	Umsetzungsgrad	A	$C = \frac{A}{R.U.H^{0,4}}$	Mittlere Abwassertemperatur °C
1	2	3	4	5	6	7
Aug.—Nov.	1,021	186,0	0,0608	0,125	1,581	18,3
Okt.—März	2,042	184,4	0,0602	0,210	1,340	11,0
Apr.—Juni	4,084	189,0	0,0621	0,446	1,382	13,5
Aug.—Okt.	8,168	226,0	0,0773	1,170	1,458	16,8

Da trotz der Vergrößerung der Raumbelastung von 2,042 auf 8,168 $\frac{m^3}{Tg}/m^3$ die C-Werte mit der Erhöhung der Abwassertemperatur von 11 auf 16,8° C um 0,11 = 8% wachsen, ist durch diese Versuche zunächst nur einmal der Nachweis erbracht, daß der Einfluß der Temperaturverhältnisse dem der Raumbelastung um ein Mehrfaches überlegen ist. Dieses rechtfertigt demzufolge die Annahme, daß die Temperaturverhältnisse die Größe des C-Wertes — der als Wärmewert C_t in die Berechnung eingeführt wird — bestimmen. Dieser wird dann durch den sich aus der Raumbelastung ergebenden Wert — der mit Belastungswert C_r bezeichnet wird — vermindert, um den den Betriebsverhältnissen entsprechenden C-Wert zu erhalten. Dieser ergibt sich also zu

$$C = C_t - C_r \quad \text{. . . . . (17)}$$

In welchem Ausmaß der Sauerstoffbedarf des gereinigten Abwassers bei größer werdender Raumbelastung zunimmt, ist weiterhin durch die Untersuchungen von Pönninger [9] über die zulässige Grenzbelastung des überdeckten Tropfkörpers mit Beuthener Abwasser nachgewiesen. Der bei den verschiedenen Raumbelastungen festgestellte Sauerstoffbedarf des gereinigten Abwassers und die errechnete Sauerstoffzufuhr sind in Bild 14 in Abhängigkeit von der Raumbelastung aufgetragen.

Aus dem Verlauf der Kurven geht hervor, daß die Sauerstoffzufuhr anfänglich nur in sehr geringem Umfang mit wachsender Raumbelastung abnimmt. Eine stärkere Verringerung der Sauerstoffzufuhr tritt erst bei Belastungen über 3 $\frac{m^3}{Tg}/m^3$ ein.

Dieses ist vermutlich darauf zurückzuführen, daß bei geringerer Steigerung der Raumbelastung die Kontaktzeit zwischen den auf der Benetzungsfläche angesiedelten biologischen Organismen und dem Abwasser nur sehr langsam verkürzt wird und daß sich außerdem die Kleinlebewelt, wie bereits aus den Betriebsergebnissen der Versuchsanlage Lakestreet (Zahlentafel 2 und Bild 4) festgestellt werden konnte, hinsichtlich der Sauerstoffzufuhr nach der Menge der zu vertilgenden organischen Verschmutzungen richtet, die ihnen mit dem Abwasser zugeführt werden. Wie aus Zahlentafel 14 hervorgeht, wächst natürlich die Sauerstofferzeugung des Beuthener Tropfkörpers ständig mit größer werdender Raumbelastung innerhalb des Untersuchungsbereiches. Sie würde dann ihren Höchstwert erreichen, wenn die Zunahme der Raumbelastung ebenso groß ist wie die Abnahme der Sauerstoffzufuhr. Sobald jedoch die Raumbelastung schneller wächst als die Sauerstoffzufuhr, muß die Sauerstofferzeugung wieder abnehmen. Die Kurve für die Sauerstofferzeugung nimmt also einen ähnlichen Verlauf wie die für die Nitratbildung, nur daß diese ihren Höchstwert viel früher als jene erreicht.

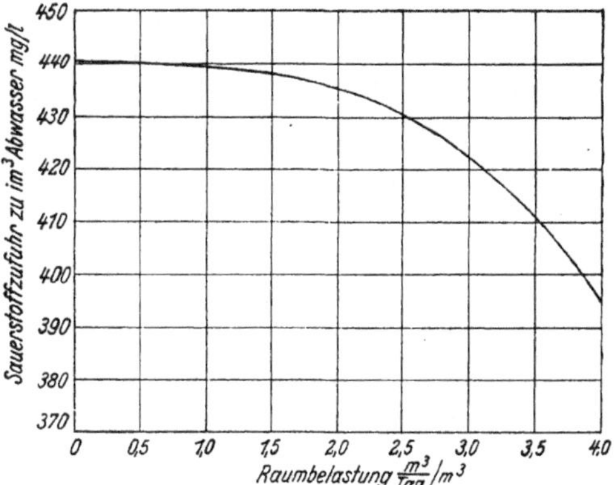

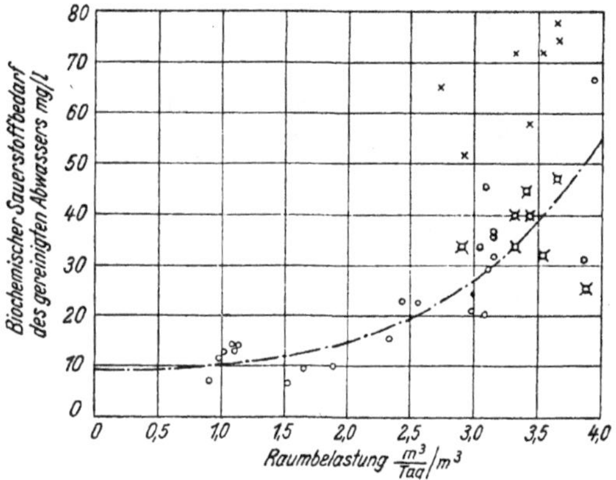

Bild 14. Sauerstoffzufuhr und Sauerstoffbedarf des Ablaufes eines überdeckten Tropfkörpers bei verschiedener Raumbelastung. Nach Pönninger. Beiheft Ges.-Ing. 1938, Heft 18.

Zahlentafel 14.

Sauerstoffbedarf Zulauf S_r mg/l	Sauerstoffbedarf Ablauf S_a mg/l	Sauerstoffzufuhr Z mg/l	Raumbelastung $R = \frac{m^3}{Tg}/m^3$	Sauerstofferzeugung E=ZR $\frac{kg\,O_2}{Tag}/m^3$
1	2	1—2=3	4	3×4=5
450	9,5	440,5	0,5	0,220
	10,5	439,5	1,0	0,439
	12	438	1,5	0,657
	14	436	2,0	0,872
	19	431	2,5	1,079
	27	423	3,0	1,269
	39	411	3,5	1,439
	57	393	4,0	1,572

Die Beuthener Versuchsergebnisse sind weiterhin zur Ermittlung des Unterschiedes zwischen dem Wärmewert und Belastungswert durch Einführung von Gleichung (17) in (13) verwendet.

$$C = C_t - C_r = \frac{Z}{U \cdot F^{0,12} \cdot H^{0,4}} \quad \text{. . . . . (18)}$$

Da der Wärmewert für eine Untersuchungszeit mit gleichen Temperaturverhältnissen konstant sein muß, so können die Belastungswerte dann durch Subtraktion der C-Werte von dem zu schätzenden Wärmewerte gefunden werden

$$C_r = C_t - C \quad \text{. . . . . (19)}$$

Die unveränderliche Größe der Gleichung (18) ist nachstehend zusammengestellt:

Sauerstoffbedarf des Abwassers — S_r . . . . 450 mg/l
Umsetzungsgrad — $U = S_r^{1,5}\,(1 - 0,85\,S_r^{0,75})$ 0,1605
Benetzungsfläche — F . . . . 105 m²/m³
Benetzungswerte — $F^{0,12}$ 1,749
Tropfkörperhöhe — H . . . . 3,70 m
Höhenwert — $H^{0,4}$ 1,687

$$U \cdot F^{0,12} \cdot H^{0,4} = 0,4738$$

In Zahlentafel 15 sind zunächst mit Hilfe der in Bild 14 zusammengestellten Ergebnisse über die erzielte Sauerstoffzufuhr für die verschiedenen Raumbelastungen die C-Werte berechnet. Die Belastungswerte C_r wurden dann durch Subtraktion von dem zu $C_t = 0,9459$ angenommenen Wärmewert gefunden. Sie sind in Bild 15 in Abhängigkeit von der Flächenbelastung aufgetragen und liegen entlang einer Kurve, die der Gleichung folgt:

$$C_r = 0,01332\left(V^{0,25} + \left(\frac{V}{9}\right)^{3,7}\right) \quad \ldots\ldots \quad (20)$$

Die mit Hilfe dieser Gleichung berechneten Belastungswerte sind ebenfalls in der Zahlentafel angegeben und zur Ermittlung der Sauerstoffzufuhr sowie des Sauerstoffbedarfes des gereinigten Abwassers verwendet. Die gute Übereinstimmung zwischen den praktischen und theoretischen Werten weist darauf hin, daß durch die Gleichung (20) der Einfluß der Raumbelastung im wesentlichen richtig erfaßt wird.

Die von Jenks in Salinas durchgeführten Untersuchungen sind auf die gleiche Weise ausgewertet worden. Die unveränderlichen Größen der Gleichung (18) sind auch wieder vorher zusammengestellt, während die eigentliche Berechnung der übrigen Werte in Zahlentafel 16 durchgeführt worden ist.

Benetzungsfläche	F	120 m²/m³
Benetzungswert	$F^{0,12}$	1,775
Tropfkörperhöhe	H	0,915 m
Höhenwert	$H^{0,4}$	0,963

$$F^{0,12}\,H^{0,4} = 1,710$$

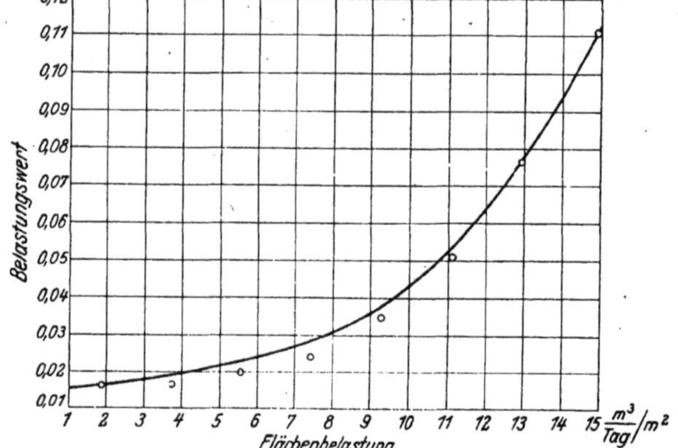

Bild 15. Belastungswerte für einen 3,70 m hohen Tropfkörper. Nach Pönninger. Beiheft Ges.-Ing. 1938, Heft 18.
O Aus Betriebsergebnissen berechnete Werte.
— Berechnet nach der Gleichung $C_r = 01332\left(V^{0,25} + \left(\frac{V}{9}\right)^{3,70}\right)$.

Bei der Auswertung der Betriebsergebnisse muß noch berücksichtigt werden, daß Jenks bei seinen Versuchen ähnlich dem Arbeitsschema nach Bild 1 gereinigtes Abwasser zurückgeführt hat. Das Verhältnis zwischen der Summe aus der Rohwassermenge Q_r und der rückgeführten Menge

Zahlentafel 15.

Versuche	1	2	3	4	5	6	7	8
Raumbel. $R = \frac{m^3}{Tg}/m^3$	0,5	1,0	1,5	2,0	2,5	3,0	3,5	4,0
Flächenbel. $V = \frac{m^3}{Tg}/m^2$	1,85	3,70	5,55	7,40	9,25	11,10	12,95	14,8
Sauerstoffzuf. mg/l	440,5	439,5	438,0	436,0	431,0	423,0	411,0	395
$C = \frac{Z}{U \cdot F^{0,12}\,H^{0,4}}$	0,9310	0,9293	0,9260	0,9218	0,9110	0,8945	0,8690	0,8350
$0,9459 - C = C_r$	0,0149	0,0166	0,0199	0,0241	0,0349	0,0514	0,0769	0,1109
$0,1332\left(V^{0,25} + \left(\frac{V}{9}\right)^{3,7}\right)$	0,0157	0,0190	0,0227	0,0285	0,0378	0,0533	0,0766	0,1104
$0,9459 - C_r' = C'$	0,9302	0,9269	0,9232	0,9174	0,9081	0,8926	0,8693	0,8355
$C' \cdot U \cdot F^{0,12}\,H^{0,4} = Z'$	440,6	439,2	437,5	434,8	430,5	422,8	411,0	395,5
$S_r - Z' = S_a'$ mg/l	9,4	10,8	12,5	15,2	19,5	27,2	39,0	54,5
Sauerstoffbedarf Ablauf S_a gefunden mg/l	9,5	10,5	12,0	14,0	19,0	27,0	39,0	55,0

Zahlentafel 16.

Versuche	1	2	3	4	5	6	7
Raumbel. $R = \frac{m^3}{Tg}/m^3$	20,45	30,67	61,40	110,50	122,3	98,10	61,40
Flächenbel. $V = \frac{m^3}{Tg}/m^2$	18,70	28,05	56,10	101,0	112,10	89,70	56,10
Rückführungsverh. $m =$	5	5	5	6	5	4	2,5
Sauerstoffbedarf vorgekl. Abwasser mg/l	109,4	110,1	112,6	119,0	116,8	112,1	105,3
Sauerstoffbedarf des vord. Abw. S_r mg/l	41,08	43,86	47,56	49,42	49,12	55,18	70,2
Sauerstoffbedarf Abl. S_a — mg/l	24,0	27,30	31,30	35,50	32,20	36,20	46,8
Sauerstoffzufuhr $Z = S_r - S_a$ mg/l	17,08	16,56	16,26	13,92	16,92	18,98	23,40
Umsetzungsgrad U	0,00769	0,00840	0,00948	0,01000	0,00997	0,01175	0,01645
$U \cdot F^{0,12}\,H^{0,4}$	0,01315	0,01436	0,01621	0,01710	0,01705	0,02009	0,02812
$C = \frac{Z}{U \cdot F^{0,12}\,H^{0,4}}$	1,299	1,153	1.003	0,814	0,993	0,946	0,833
$1,2675 - C = C_r$	—	0,1145	0,2645	0,4535	0,2745	0,3215	0,4345
$V^{0,25} + \left(\frac{V}{9}\right)^{0,915}$	4,029	5,128	8,079	12,315	13,270	11,281	8,079
Multiplikator ϱ	0,02068	0,02068	0,02068	0,01623	0,02068	0,02788	0,0519
Belastungswert $C_r' - \varrho\left(V^{0,25} + \left(\frac{V}{9}\right)^{0,915}\right)$	0,0834	0,1061	0,1670	0,2000	0,2745	0,3132	0,4191
$1,2675 - C_r' - C'$	1,1841	1,1614	1,1005	1,0675	0,9930	0,9543	0,8484
Sauerstoffzufuhr $Z' = C' \cdot U \cdot F^{0,12}\,H^{0,4}$ mg/l	15,6	16,80	17,80	18,2	16,9	19,1	23,9
Sauerstoffbedarf Abl. $S_a = S_r - Z'$ mg/l	25,48	27,86	29,76	31,22	32,22	36,08	46,3

gereinigten Abwassers Q_a zu der Rohwassermenge wird als Rückführungsverhältnis »m« bezeichnet:

$$m = \frac{Q_r + Q_a}{Q_r} \quad \ldots \quad (21)$$

Das Rückführungsverhältnis wurde von Jenks bei seinen Versuchen von 2,5 bis auf 6,0 gesteigert. Bei der Berechnung muß natürlich in diesem Falle immer der Umsetzungsgrad und die Sauerstoffzufuhr des verdünnten Abwassers eingesetzt werden, da die Gleichung nur dann richtige Werte liefert, wenn alle Werte auf die Verschmutzung des dem Tropfkörper zugeleiteten Abwassers bezogen sind.

Die Übereinstimmung der gefundenen und berechneten Belastungswerte ist in diesem Falle nicht so gut wie bei den Versuchen in Beuthen. Dieses hat jedoch auf das Endergebnis keinen großen Einfluß, da die berechneten Werte für den Sauerstoffbedarf des Ablaufes bis auf Versuch 4 nur sehr wenig von den gefundenen abweichen. Weiterhin fällt auf, daß der Wärmewert C_t hier viel höher liegt als in Beuthen. Dieses weist wiederum auf den großen Einfluß der Temperaturverhältnisse auf die Leistung der Tropfkörper hin.

Übereinstimmend mit den Auswertungen der Beuthener Betriebsergebnisse wurde auch hier ein ähnlicher Aufbau der Gleichung für den Belastungswert in Abhängigkeit von der Flächenbelastung gefunden

$$C_r = \varrho \left[V^{0,25} + \left(\frac{V}{9}\right)^{0,915} \right] \quad . \; . \quad (22)$$

Während der Exponent des ersten Klammergliedes unverändert beibehalten werden konnte, mußte der des zweiten Gliedes im gleichen Verhältnis mit der Tropfkörperhöhe ermäßigt werden. Hieraus ergibt sich also für den Klammerausdruck des Belastungswertes die allgemeine Form zu $\left[V^{0,25} + \left(\frac{V}{9}\right)^{\prime\prime} \right]$. Der vor der Klammer stehende Multiplikator erwies sich ebenfalls als veränderlich. Seine genaue Festlegung bereitete infolge seiner doppelten Abhängigkeit von der Tropfkörperhöhe und dem Rückführungsverhältnis große Schwierigkeiten, die jedoch durch die Auswertung der von Fischer [22] veröffentlichten Untersuchungen über den Einfluß der Tropfkörperhöhe in Zahlentafel 17 überwunden werden konnten. Wenn es sich auch hier nur um Versuche an kleinen Tropfkörpern handelt, so sind sie doch um so beachtlicher, als sie an verschieden hohen Tropfkörpern mit gleichbleibender Flächenbelastung, also mit

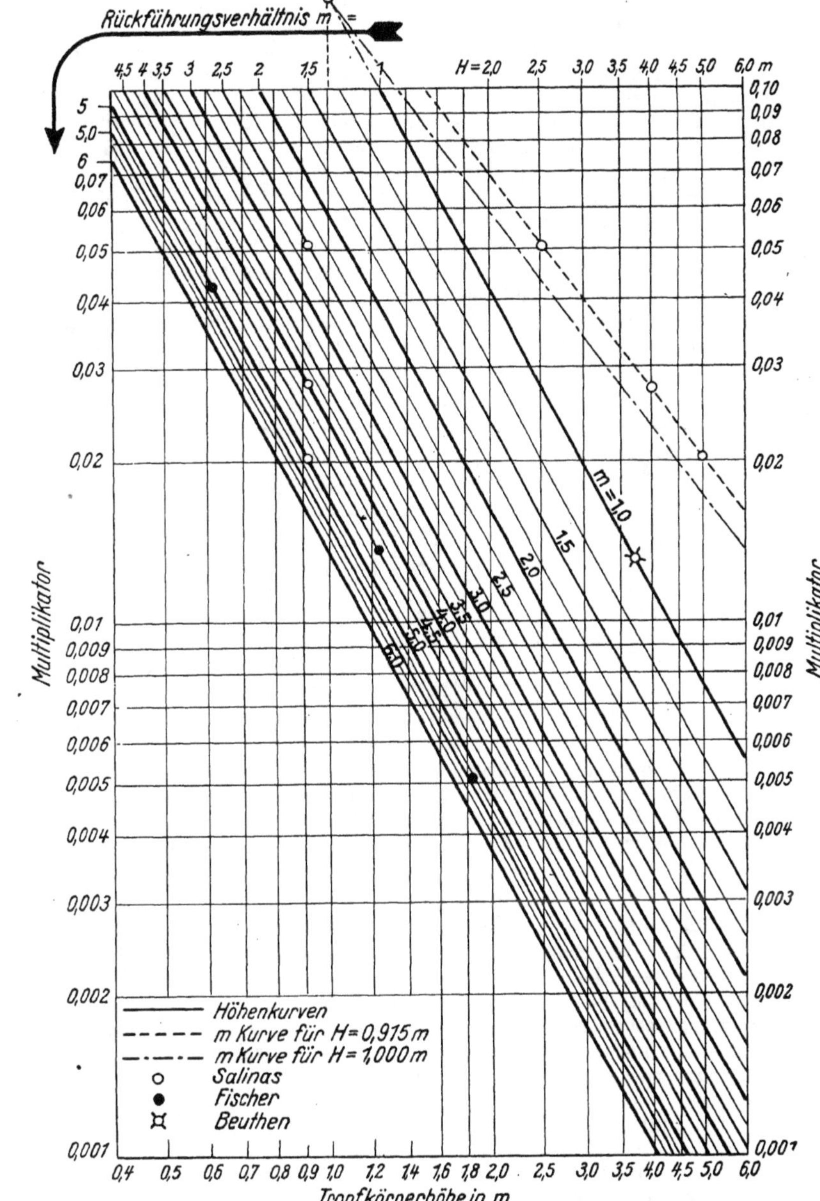

Bild 16. Multiplikator des Belastungswertes in Abhängigkeit von der Tropfkörperhöhe und dem Rückführungsverhältnis.

Rückführungsverhältnis $m = \frac{Q_r + Q_a}{Q_r}$ Multiplikator $\varrho = \frac{0,15}{m^{1,35} \; H^{1,85}}$

Zahlentafel 17.

Versuch	1	2	3
Tropfkörperhöhe H m	1,83	1,22	0,61
Höhenwert $H^{0,4}$	1,273	1,083	0,821
Raumbelastung $\frac{m^3}{Tg}/m^3$	30,60	45,90	91,80
Flächenbelastung $\frac{m^3}{Tg}/m^2$	56,00	56,00	56,00
Rückführungsverhältnis m	5	5	5
Sauerstoffbedarf Rohwasser mg/l	233	268	273
Sauerstoffbedarf des vorgekl. Abwassers mg/l	165	205	179
Sauerstoffbedarf des verdünnten Abwassers S_r — mg/l	64,6	82,6	89,4
Sauerstoffbedarf des gereinigten Abwassers S_a — mg/l	29,5	52,0	67,0
Sauerstoffzufuhr $Z = S_r - S_a$ mg/l	25,1	30,6	22,4
Benetzungswert für die Benetzungsfläche von 120 m^2/m^3	1,775	1,775	1,775

Zahlentafel 17 (Fortsetzung).

Versuch	1	2	3
Umsetzungsgrad	0,01451	0,0206	0,0229
$U \cdot F^{0,12} H^{0,4}$	0,0328	0,03965	0,03340
$C = \frac{Z}{U \cdot F^{0,12} H^{0,4}}$	0,765	0,771	0,671
$0,9240 - C = C_r$	0,159	0,153	0,253
$V^{0,25} + \left(\frac{V}{9}\right)^{\prime\prime}$	31,115	11,125	5,785
$C_r : \left(V^{0,25} + \left(\frac{V}{9}\right)^{\prime\prime}\right) = \varrho$ gefunden	0,00511	0,01374	0,0438

stark unterschiedlicher Raumbelastung, durchgeführt wurden. Bei allen drei Körpern trat also trotz der stark voneinander abweichenden Raumbelastung die gleiche Wirkung für das Ausspülen der nicht mehr für die Abwasserreinigung benötigten biologischen Organismen ein.

Die aus den Betriebsergebnissen abgeleiteten Multiplikatoren nehmen sehr schnell mit wachsender Tropfkörperhöhe ab. Dieses war zu erwarten, da erfahrungsgemäß höhere Tropfkörper auch bei größerer Belastung noch eine gute Reinigungswirkung behalten.

Um die Abhängigkeiten der ϱ-Werte von der Tropfkörperhöhe und dem Rückführungsverhältnis festlegen zu können, sind die in den drei letzten Zahlentafeln gefundenen ϱ-Werte in der Zahlentafel 18 noch einmal zusammengestellt und in Bild 16 in Abhängigkeit von der Körperhöhe und dem Rückführungsverhältnis aufgetragen.

Zahlentafel 18.

Hinweis auf Zahlentafel	Tropfkörperhöhe m	Rückführungsverhältnis m	Multiplikator gefunden	Multiplikator berechnet $\varrho = \frac{0,15}{m^{1,33} H^{1,85}}$
1	2	3	4	5
17	0,61	5	0,0438	0,0438
16	0,915	5	0,02068	0,02068
17	1,22	5	0,01374	0,01212
17	1,83	5	0,00511	0,00573
16	0,915	2,5	0,0519	0,0519
16	0,915	4,0	0,02788	0,02788
16	0,915	5,0	0,02068	0,02068
15	3,70	1,0	0,01332	0,1332

Aus den vier ersten ϱ-Werten kann der Einfluß der Tropfkörperhöhen für ein fünffaches Rückführungsverhältnis auf die Größe des Multiplikators festgelegt werden. Die hyperbolische Kurve folgt der Gleichung

$$\varrho' = \frac{V}{H^{1,85}} \quad \ldots \ldots \ldots \quad (23)$$

Die ϱ-Werte für ein 2,5- und 4faches Rückführungsverhältnis sind bei gleicher Tropfkörperhöhe wesentlich größer. Dieses rechtfertigt die Annahme, daß die Tropfkörperhöhe durch die Rückführung von gereinigtem Abwasser vergrößert wird. Das Rückführungsverhältnis ist demnach nicht nur der Wert für das Verhältnis zwischen der rohen und rückgeführten Abwassermenge, sondern auch für die gesamte Anzahl der Durchrieselungen der Tropfkörper. Bei fünffachem Rückführungsverhältnis wird das rohe Abwasser nicht nur allein auf die fünffache Menge verdünnt, sondern auch fünfmal durch den Tropfkörper geschickt. Werden nun die ϱ-Werte für die unterschiedlichen Rückführungsverhältnisse in Bild 16 in Abhängigkeit von m aufgetragen, so liegen sie ebenfalls entlang einer gleichseitigen Hyperbel der Gleichung

$$\varrho'' = \frac{W}{m^{1,33}} \quad \ldots \ldots \ldots \quad (24)$$

Wird die für $H = 0,915$ m gefundene m-Kurve so nach unten verschoben, daß sie für $H = 1,0$ m gilt, so schneidet diese die m-Achse für $m = 1,0$ in 0,15. Für 1,0 m hohe Tropfkörper und ein einfaches Rückführungsverhältnis wird also $\varrho = 0,15$.

Wird andererseits die aus den vier ersten ϱ-Werten festgelegte Höhenkurve für $m = 5$ so verschoben, daß sie durch den Multiplikator für den Beuthener Tropfkörper geht, so schneidet diese die Höhenachse für $H = 1,0$ ebenfalls in 0,15. Die Beuthener Versuchsergebnisse führen also zu dem gleichen ϱ-Wert von 0,15 für 1,0 m hohe Tropfkörper und ein einfaches Rückführungsverhältnis. Der Multiplikator wird durch die Zusammenfassung der Gleichungen (23) und (24) gefunden zu

$$\varrho = \frac{0,15}{H^{1,85} \cdot m^{1,33}} \quad \ldots \ldots \ldots \quad (25)$$

Für den Belastungswert ergibt sich dann mit Gleichung (22) und (25) die folgende Beziehung:

$$C_r = \frac{0,15}{H^{1,85} \cdot m^{1,33}} \left(V^{0,25} + \left(\frac{V}{9}\right)^{\prime\prime} \right) \quad \ldots \quad (26)$$

Die oben nachgewiesene gute Übereinstimmung der Ergebnisse von drei Versuchsanlagen mit den verschiedensten Bau- und Betriebsverhältnissen weist darauf hin, daß die Einflüsse der Raumbelastung auf die Leistung der Tropfkörper durch die Gleichung (26) mit ausreichend großer Genauigkeit erfaßt werden.

Die Multiplikatoren des Belastungswertes nach Gleichung (25) können aus Bild 16 für Tropfkörperhöhen von 0,4 bis 6,0 m und für Rückführungsverhältnisse von 1 bis 6 abgelesen werden. Ein mit unverdünntem Abwasser beschickter Tropfkörper von 4,0 m Höhe hat demzufolge den gleichen Multiplikator wie ein Körper von 1,27 m Höhe bei fünffachem Rückführungsverhältnis. Werden beide Körper mit der gleichen Menge Rohabwasser q beschickt, so ist die Flächenbelastung für den hohen Körper $4 \cdot q$ und für den flachen $1,27 \cdot 5 \cdot q = 6,35\, q$. Die beiden Flächenbelastungen verhalten sich also wie 1 : 1,6.

Der Wert $V^{0,25} + \left(\frac{V}{9}\right)^{\prime\prime}$ kann für Tropfkörperhöhen von 0,5 bis 4,0 m und Flächenbelastungen bis zu 40 $\frac{m^3}{Tg}$/m² aus Bild 17 entnommen werden. Die Kurven für die verschiedenen Körperhöhen müssen sich für $V = 9,0\ \frac{m^3}{Tg}/m^2$ in einem Punkt schneiden, da in diesem Falle das zweite Glied für alle Höhen zu 1,0 wird. Hieraus geht hervor, daß höhere Tropfkörper bei Flächenbelastungen unter $9 \frac{m^3}{Tg}/m^2$ weniger nachteilig durch eine Belastungssteigerung beeinflußt werden als flache Körper. Da die Kurven für $H = 2,0$ bis 4,0 m sehr dicht beieinanderliegen, bestätigt die entwickelte Gleichung insofern die bisherigen Erfahrungen mit schwachbelasteten Tropfkörpern, als Höhen über 1,8 bis 2,0 m nur in einem sehr geringen Umfang den durch eine Belastungssteigerung hervorgerufenen Leistungsrückgang in biologisch oxydativer Hinsicht einschränken.

In dem Bereich der Flächenbelastungen über $9\ \frac{m^3}{Tg}/m^2$ weist der Verlauf der Kurven jedoch darauf hin, daß hohe Tropfkörper wesentlich empfindlicher gegenüber Belastungssteigerungen sind als solche mit kleinerer Bauhöhe.

Für die beiden oben verglichenen Tropfkörper wird der Wert $V^{0,25} + \left(\frac{V}{9}\right)^{\prime\prime}$ gleich, wenn die Flächenbelastungen 11,30 bzw. $18,00 \frac{m^3}{Tg}/m^2$ betragen. Bei größerer Flächenbelastung ergeben sich für den flachen Körper immer geringere Werte als für den höheren. Bei kleineren Flächenbelastungen ergibt sich dahingegen das entgegengesetzte Verhältnis. Hieraus geht hervor, daß hohe Tropfkörper für kleine Raum- und Flächenbelastungen günstiger sind als flache Körper. Bei großen Raum- und Flächenbelastungen sind dagegen die Körper mit niedrigerer Bauhöhe wegen ihrer Unempfindlichkeit gegenüber der Belastungssteigerung vorzuziehen. Ferner wird auch durch die Gleichung für den Belastungswert die von Jenks [4] und Fischer [22] vertretene Ansicht bestätigt, daß flache Tropfkörper bei richtiger Wahl eines in wirtschaftlichen Grenzen liegenden Rückführungsverhältnisses betriebssicherer sind, als solche mit großer Bauhöhe.

Es wäre jedoch verfehlt, diese Vorteile des flachen Tropfkörpers im Zusammenwirken mit der Rückführung von gereinigtem Abwasser auf eine Belastungsverringerung infolge der Zuführung von verdünntem Abwasser zurückzuführen. Die unverdünnten und die verdünnten Tagesmengen ergeben, entsprechend dem nachstehenden Beweis, für den Tropfkörper die gleiche Belastung hinsichtlich der organischen Verschmutzung und erfordern daher auch zur Erreichung eines Ablaufes mit dem gleichen Sauerstoffbedarf die gleiche Zufuhr an Sauerstoff.

Der hohe Tropfkörper wird mit der Rohwassermenge Q_r mit einem Sauerstoffbedarf S_r beschickt. Um einen Ablauf mit einem Sauerstoffbedarf von S_a zu erhalten, müssen

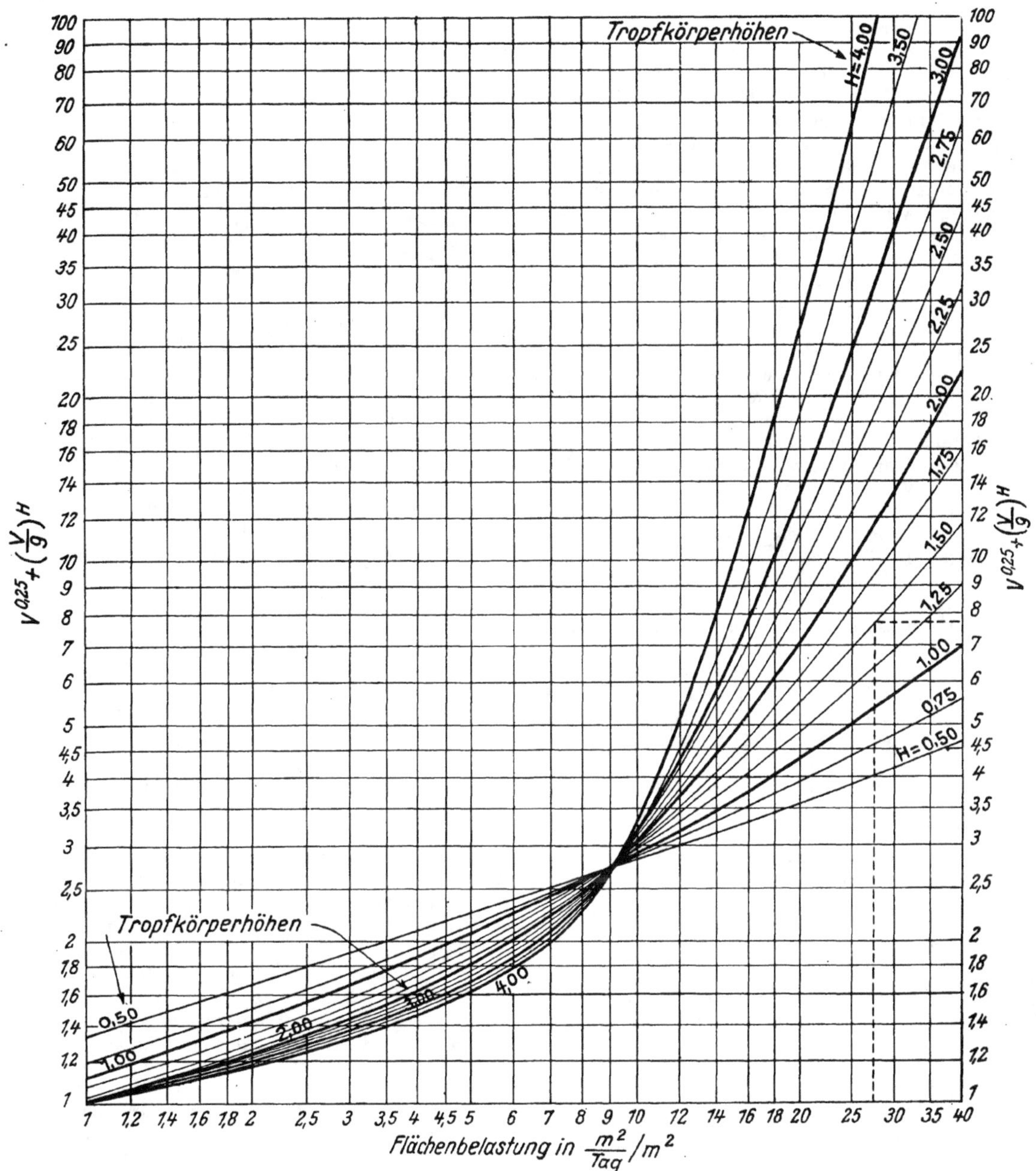

Bild 17. Berechnung des Belastungswertes für verschiedene Flächenbelastungen und Tropfkörperhöhen. $V^{0,25} + \left(\frac{V}{9}\right)^H$. Für $V = 27{,}5\ \frac{m^3}{Tag}/m^2$ und $H = 1{,}5$ m ergibt sich 7,70.

dem Abwasser $S_r - S_a = Z$ mg/l Sauerstoff zugeführt werden. Der Tageswassermenge müssen dann $Q_r\,(S_r - S_a)$ kg Sauerstoff zugeführt werden.

Dem flachen Körper werden dagegen am Tage $m : Q = Q_r + (m-1)\,Q_a$ Abwasser zugeführt. Da der Ablauf Q_a auch in diesem Falle einen Sauerstoffbedarf von S_a hat, so errechnet sich der des verdünnten Abwassers zu $\frac{S_r + (m-1)\,S_a}{m}$. Die Sauerstoffzufuhr Z' ergibt sich wiederum als die Differenz zwischen dem Sauerstoffbedarf des Zu- und Ablaufes

$$Z' = \frac{S_r + (m-1)\,S_a}{m} - S_a = \frac{S_r - S_a}{m}.$$

Die dem Abwasser am Tage zuzuführende Sauerstoffmenge beträgt daher $m \cdot Q_r \left(\frac{S_r - S_a}{m}\right)$. Die Sauerstoffzufuhr für beide Tropfkörper ist daher einander gleich.

Die günstige Wirkung der Rückführung von gereinigtem Abwasser muß vor allem dem Umstande zugeschrieben werden, daß die tatsächliche Höhe des Tropfkörpers durch eine durch das Rückführungsverhältnis bestimmte ideelle Höhe vergrößert wird, während der durch die Körperhöhe gegebene Exponent der Flächenbelastung in Gleichung (26) unverändert bleibt.

Diese ideelle Körperhöhe ist aber auch ein gutes und wirtschaftliches Hilfsmittel, um die Leistung der Tropfkörper bestehender Kläranlagen zu vergrößern, wenn diese infolge unzweckmäßiger Belastung das Abwasser nicht weit genug reinigen. So wurde während der Wintermonate in der Kläranlage Hilversum-Liebergerheide ein schlechter Ablauf erzielt. Wie die Untersuchungen ergaben, war dieses in erster Linie auf eine Erhöhung der Abwassermenge von 5000 auf 7000 m³/Tag zurückzuführen. Das Rückführungsverhältnis, das ursprünglich auf 2,7 festgesetzt war, ermäßigte sich dadurch auf 2,2. In diesem Falle ist mit Rücksicht auf Energieersparnis eine besondere Pumpe für die

Rückführung des gereinigten Abwassers vom Nachklärbecken, unter Umgehung des Vorklärbeckens, unmittelbar in den Zulauf zu den Tropfkörpern vorgesehen. Eine der vermehrten Schmutzwassermenge entsprechende Vergrößerung der rückgeführten Menge gereinigten Abwassers durch Aufstellung einer zweiten Rückführungspumpe konnte wegen der vorhandenen Rohrleitungen der Kläranlage, der Ausbildung der Drehsprenger und der Leistung der Klärbecken nicht durchgeführt werden. Während der Nachtstunden kann jedoch den in dieser Zeit ankommenden geringen Schmutzwassermengen soviel gereinigtes Abwasser zugegeben werden, daß eine der vorhandenen Schmutzwasserpumpen ständig in Betrieb bleibt. Auf diese Weise werden zwischen 20 Uhr abends und 6 Uhr morgens insgesamt 3500 m³ gereinigtes Abwasser durch das Vorklärbecken auf die Tropfkörper rückgeführt. Diese Betriebsweise ermöglicht also zunächst die Herbeiführung des geplanten Rückführungsverhältnisses von 2,7 unter Beibehaltung des maximalen Zuflusses und gewährt außerdem noch die Vorteile, die sich aus der Auffrischung des Schmutzwassers im Vorklärbecken ergeben. Durch eingehende Versuche wurde die Verschmutzung der Abwässer während verschiedener Tagesstunden und für die einzelnen Phasen des Reinigungsvorganges festgestellt und in Bild 18 dargestellt. Die Verschmutzung des Rohwassers nimmt bereits in den Morgenstunden sehr stark zu. Während der ersten 4 bis 6 Untersuchungsstunden bleibt dagegen das vorgeklärte Abwasser durch die nächtliche Zuführung von gereinigtem Abwasser noch sehr gering. In den darauffolgenden Tagesstunden folgt jedoch dann die Verschmutzung des geklärten Abwassers der des Rohwassers. Aus dem Abstand der beiden Kurven tritt die gute Wirkung der Auffrischung des Rohwassers im Vorklärbecken sehr deutlich zutage.

Bei der Inbetriebnahme der neuen Betriebsweise wurden sehr große Mengen an Schlamm und stinkenden Schwefelbakterien aus den Tropfkörpern ausgespült. Nach sehr kurzer Betriebszeit hörte dieses jedoch auf und der Ablauf der Kläranlage wurde sehr befriedigend.

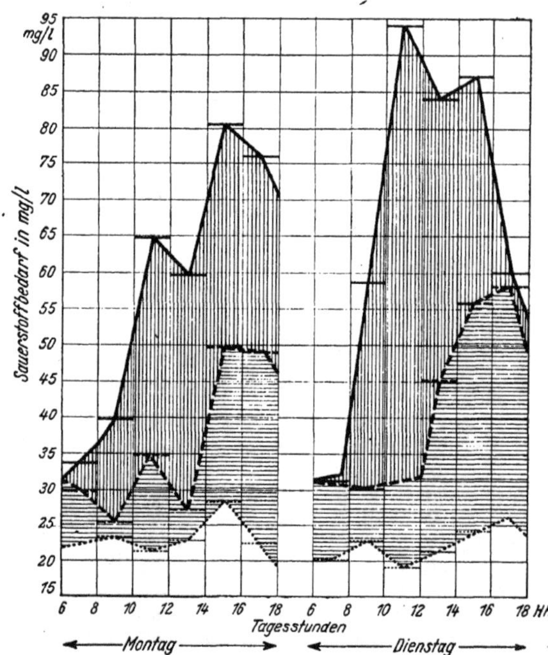

Bild 18. Auffrischung des Rohwassers durch Rücklaufwasser im Vorklärbecken der Kläranlage Hilversum-Liebergerheide.
Sauerstoffbedarf des Rohwassers ————
Sauerstoffbedarf des vorgeklärten Abwassers – – – –
Sauerstoffbedarf des gereinigten Abwassers ....
(Als $KMnO_4$-Verbrauch festgestellt, jedoch als Sauerstoff angegeben.)
Verminderung des Sauerstoffbedarfes { durch Rücklaufwasser und Vorklärung; durch Belüftung und Nachklärung }

Bild 19. Abwassersee der Kläranlage Hilversum-Liebergerheide. Auf der Wasserfläche einer der auf dem See angesiedelten 3 Schwäne. Im Hintergrunde das Wohnhaus für 3 Klärwärter. Hinter den Bäumen rechts liegt die Kläranlage.

Da in Hilversum jegliche Vorflut fehlt, muß das gereinigte Abwasser in einer Reihe hintereinander geschalteter Teiche versickert werden. In dem ersten dieser Sickerteiche, dem nur das frische gereinigte Abwasser zufließt, sind seit einigen Monaten Fische ausgesetzt, die dank der großen Menge sich darin entwickelnder Wasserflöhe sehr schnell wachsen. Im Laufe des Vorsommers 1941 wurden in dem Abwassersee auch noch drei Schwäne ausgesetzt, die sich dort anscheinend sehr wohl fühlen müssen, da sie bisher noch keine Abwanderungsversuche unternommen haben (Bild 19).

Dieses sind die besten Beweise für die sehr weitgehende Reinigungswirkung der Kläranlage, die sich unter Beibehaltung der erstellten Bauwerke lediglich als eine Folge der Erhöhung des Rückführungsverhältnisses auf das für die Tropfkörperhöhe zweckmäßige Maß ergab.

Da die Erzeugung des Stromes zum Betrieb der Schmutzwasser- und Rückführungspumpe nur einen Teil des auf der Kläranlage anfallenden Faulgases benötigt, sind die Betriebskosten der Anlage in so geringem Umfange gestiegen, daß sie für die Beurteilung der erzielten Betriebsverbesserung nicht als Nachteil gewertet zu werden brauchen.

Bei der Erfassung des Einflusses der Raumbelastung auf die Leistung der Tropfkörper wurde auch gleichzeitig derjenige der Rückführung des gereinigten Abwassers herausgearbeitet. Dieser darf nun aber nicht nur allein in einer Verringerung der Empfindlichkeit gegen eine Überbelastung erblickt werden, sondern er liegt vor allem auch in dem günstigen Einfluß, der auf die vermehrte Entwicklung der Organismen der mesosaproben Zone ausgeübt wird.

Auf den Hilversumer Tropfkörpern wurden nach der Betriebsumstellung bereits in der Deckschicht Blaualgen, Hüpferlinge und Wasserasseln gefunden. Diese kommen nach H. und E. Beger [25] nur in Brunnen und anderen Wasseranlagen vor, während sie zufolge der Typentafel der Landesanstalt [26] typische Vertreter mesosaprobverschmutzter Wässer sind. Die von Reichle [19] in Stahnsdorf beobachtete Erscheinung der Zusammenschmelzung der mesosaproben und polysaproben Zonen wird durch die Erfahrungen in Hilversum bestätigt. Denn neben den obigen Organismen sorgten die rosa und weißlich gefärbten Schlammwürmer im Verein mit den Psychodalarven als typische Vertreter polysaprober Verschmutzung für die Vertilgung des nicht ausgespülten Humusschlammes. Schwefelbakterien konnten jedoch nach der erstmaligen Ausspülung nicht mehr festgestellt werden. Besonders auffallend war die Zunahme der Oxydation der Stickstoffverbindungen nach der Einführung der neuen Betriebsweise. Dieses muß nach Beger [11] und Reichle [19] auf die Entwicklung der nitrifizierenden Bakterien zurückgeführt werden, die durch die Ausdehnung der mesosaproben Organismen ermöglicht wurde. Das rückgeführte gereinigte Abwasser ist infolge seines hohen Gehaltes an Nitraten als Sauerstoffträger zu werten. Bei seiner Vermischung mit dem sauerstoffarmen Rohwasser tritt eine

Denitrifikation ein, in deren Verlauf der Sauerstoff der mineralisierten Stickstoffverbindungen im Stadium nascendi an dieses abgegeben wird. Hierdurch wird bekanntlich mit sehr geringen Mengen einer der wirksamsten Oxydationsvorgänge erzielt. Auf diese Weise wird die Tätigkeit des Tropfkörpers eigentlich in zweifacher Weise ausgenutzt. Zunächst werden die im Abwasser enthaltenen organischen Stickstoffverbindungen und Feststoffe beim Durchfließen des Tropfkörpers oxydiert. Das mit Sauerstoff und Nitratverbindungen angereicherte Rücklaufwasser wird dann zur Voroxydation des rohen Abwassers verwendet, wodurch vor allem die in ihm vorhandenen Schwefelwasserstoffverbindungen unschädlich gemacht werden und ferner die Vorbedingungen für die Entwicklung der nitrifizierenden Bakterien im hochbelasteten Tropfkörper geschaffen werden.

Die Bedeutung der Rückführung des gereinigten Abwassers für die Leistung hochbelasteter Tropfkörperanlagen wäre nicht vollständig gewürdigt, wenn nicht auch auf die hygienischen und bautechnischen Gesichtspunkte hingewiesen würde.

Infolge der bei der Vermischung des rohen Abwassers mit dem Rücklaufwasser eintretenden Voroxydation werden auch die sonst im Pumpensumpf leicht auftretenden Geruchsbelästigungen vollständig ausgeschaltet. Dieses ist vor allem für Kleinkläranlagen [27] von großer Bedeutung.

Die ständige Befeuchtung der Oberflächen der Tropfkörper, die nur mit Hilfe von Rücklaufwasser erreicht werden kann, verhindert erfahrungsgemäß das Ausschwärmen der Psychodafliegen, da dieses nur von feuchten, aber nicht von nassen Brutplätzen erfolgt. Bei richtiger Ausbildung der Lüftungsschicht an der Sohle der Körper kann auch der Ausflug der Fliegen von dort aus verhindert werden.

Da sich infolge der ständigen Durchspülung mit ausreichenden Mengen aufgefrischten Abwassers keine Schwefelbakterien und andere der aeroben Zersetzung zugänglichen biologischen Schleime in hochbelasteten Tropfkörpern festsetzen können, ist die Ursache der lästigen Geruchsentwicklung beseitigt.

Die Auffrischung des Rohwassers und die Oxydation der in ihm enthaltenen Schwefelverbindungen verhindert seine Ansäuerung. Dieses ermöglicht im Zusammenhang mit der ständigen und gleichmäßigen Durchfeuchtung des Körpers die Verwendung von weichen Füllstoffen, ohne daß ein Zerbröckeln oder Verzehren derselben befürchtet werden muß. Es brauchen nicht mehr wie früher harte, wetter- und säurefeste Brocken verwendet zu werden, sondern es können bei Anwendung der Rückführung auch Ziegelbrocken oder ähnliche Füllstoffe mit gutem Erfolg benutzt werden.

5. Der Einfluß der Temperaturverhältnisse auf die Leistung der Tropfkörper.

Bei der vorstehenden Auswertung der in der Versuchsanlage Ames [7] festgestellten Ergebnisse trat bereits der große Einfluß der Abwassertemperatur auf die erzielbare Sauerstoffzufuhr deutlich in Erscheinung. Zur Erfassung der Auswirkung der Abwasser- und Lufttemperatur einzeln und in ihrer Wechselwirkung auf die Leistung der Tropfkörper sind die zur Verfügung stehenden Betriebsergebnisse der verschiedensten Kläranlagen unter Ausnutzung der vorstehend abgeleiteten Erkenntnisse mit aller Sorgfalt zusammengetragen.

a) Der Einfluß der im Tropfkörper stattfindenden Schlammspeicherung auf die Abwassertemperatur.

Aus den von Mohlmann [15] zusammengestellten Unterlagen aus den Versuchen in Chikago geht hervor, daß sich das Abwasser im Tropfkörper immer abkühlt, selbst auch dann noch, wenn die Luft 3° C wärmer ist als das ankommende Abwasser. Es hat den Anschein, als ob die maximale Abkühlung des Abwassers im Tropfkörper etwa 3° C beträgt, denn selbst während der Wintermonate wurde bei Lufttemperaturen von —8 bis —10° C in weiteres Absinken der Abwassertemperaturen als 3° C nicht beobachtet. Die Ergebnisse der von Mohlmann beobachteten Temperaturen sind tabellarisch und graphisch in Bild 20 zusammengestellt. Die im August und September angegebenen Werte passen sich nicht den übrigen acht Werten an. Sie sind daher auch bei der Einzeichnung der Abkühlungskurve außer Betracht gelassen. Auf Grund dieser Zusammenstellung kann angenommen werden, daß bei den Betriebsbedingungen der Versuchsanlage Chikago-West das Abwas-

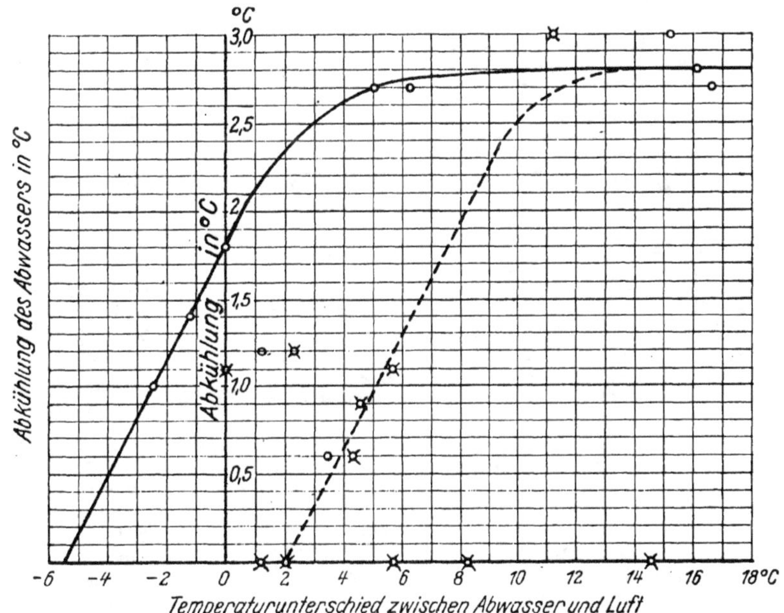

Bild 20. Abkühlung des Abwassers beim Durchfließen des Tropfkörpers.
—o— Chikago-West --¤-- Molkerei-Abwasser.

Chikago-West.

Monat	Temperaturen °C des Abw. Zul. t_a'	Temperaturen °C des Abw. Abl. t_a''	Temperaturen °C der Luft Zul. t_l	Temperaturen °C der Luft Abl. t_l	$t_a' - t_l$ °C	Abw. Abk. °C $t_a' - t_a''$
Juli	23,2	22,2	25,7	22,2	—2,5	1,0
Mai	17,6	16,2	18,9		—1,3	1,4
Juni	19,4	17,6	19,4	18,3	0	1,8
August	25,7	24,5	24,5		1,2	1.2
September	22,8	22,2	19,4		3,4	0.6
März	8,3	5,6	3,3		5,0	2,7
April	12,3	9,4	6,1		6,2	2,7
Dezember	10,2	7,2	—5,0	10,0	15,2	3,0
Februar	6,7	3,9	—9,4		16,1	2,8
Januar	8,3	5,6	—8,3		16,6	2,7

Sewage Works Journal 1936 Vol. 8 Nr. 6.

Molkerei-Abwasser.

Versuche	Temperaturen °C des Abw. Zul. t_a'	Temperaturen °C des Abw. Abl. t_a''	Temperaturen °C der Luft t_l	$t_a' - t_l$ °C	Abw. Abk. °C $t_a' - t_a''$
1	26,8	25,7	26,8	0	1,1
8 c, 8 b	20,0	20,0	18,9	1,1	0
4 a, 4 b	17,6	17,6	15,6	2,0	0
8 a	21,2	20,0	18,9	2,3	1,2
3	17,3	17,6	13,2	4,1	—0,3
2	21,8	21,2	17,6	4,2	0,6
5 c	13,9	13,0	9,4	4,5	0,9
5 b	15,0	13,9	9,4	5,6	1,1
7 b, 7 c	13,2	13,2	5,0	8,2	0
7 a	16,2	13,2	5,0	11,2	3,0
6a, 6b, 6c	13,4	13,4	—1,1	14,5	0
5 a	15,0	15,0	9,4	5.6	0

Sewage Works Journal 1938 Vol. 10 Nr. 5.

ser seine Temperatur behält, wenn die der Luft etwa 5 bis 6° C höher liegt. Diese Vorgänge weisen darauf hin, daß Abwasser beim Durchfließen des Tropfkörpers verdunstet und die dazu erforderliche Verdunstungswärme der durch den Körper streichenden Luft entzieht.

Im Winter gibt dagegen das Abwasser Wärme an die Luft ab. Diese wurde zufolge der Feststellungen während der Monate Oktober bis Dezember um 4 bis 15° C beim Durchströmen des Tropfkörpers so weit erwärmt, daß die Temperaturen der Abgase und des Abwasserablaufes annähernd gleich hoch waren.

Auch bei der Reinigung von stark verschmutztem Molkereiabwasser stellten Trebler, Ernsberger und Roland [13] die gleichen Abkühlungserscheinungen beim Abwasser während des Durchfließens der Tropfkörper fest. Die Versuchsergebnisse sind ebenfalls in Bild 20 zusammengestellt. Auffallend ist die wesentlich größere Streuung der

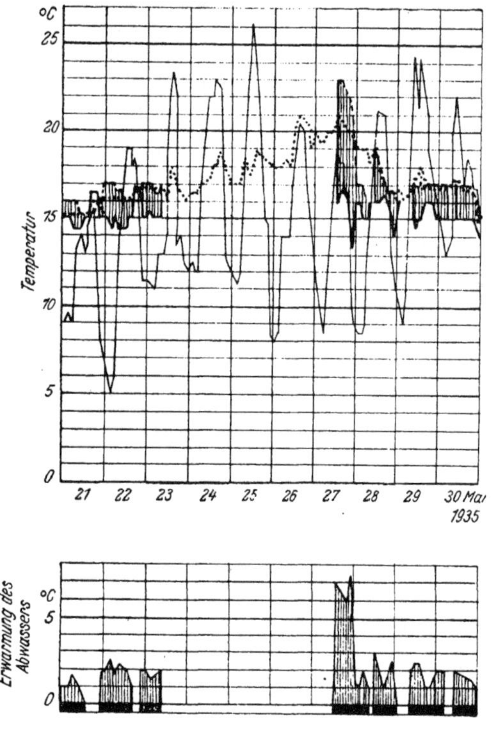

Bild 21. Erwärmung des Abwassers beim Durchfließen des überdeckten Tropfkörpers.
Nach Pönninger. Beiheft Ges.-Ing. 1938, Heft 18.
Luft- und Wassertemperatur im Tropfkörper.
——— Lufteingang ——— Wassereingang
.... Luftausgang — — — Wasserausgang

Ergebnisse gegenüber denen von Chikago-West. Die maximale Abkühlung des Abwassers beträgt auch in diesem Falle 3° C. Wie aus der Lage der Ergebnisse in dem Diagramm hervorgeht, ließe sich durch einige der Punkte eine Gerade legen, die dem steigenden Ast der Abkühlungskurve für Chikago-West parallel läuft. Sie ist jedoch um 7,5° C nach rechts verschoben.

Pönninger [9] stellte dagegen beim Durchfließen eines überdeckten Tropfkörpers eine Erwärmung des Abwassers und der Luft fest, obwohl diese kälter als das Abwasser war. Nur bei sehr hoher Außentemperatur wurde die Luft auf die des Abwassers abgekühlt. Die Beobachtungen von Pönninger sind in Bild 21 dargestellt. Wie aus dem Verlauf der Kurven hervorgeht, beträgt die maximale Abwassererwärmung im Anschluß an eine viertägige Beschickungspause 7° C. Diese ungewöhnlich große Wärmeentwicklung führt Pönninger auf wärmespendende Zersetzungserscheinungen des im Tropfkörper befindlichen Schlammes zurück.

In der Versuchsanlage für die biologische Reinigung von Abwässern der Diffusionsbatterien und Rübenwäsche der Zuckerfabrik in Colwick [16] wurden an offenen Tropfkörpern von 7,5 m Dmr. und 1,83 m Höhe die gleichen Erscheinungen beobachtet. Die Tropfkörper mußten für die Dauer von fünf Tagen außer Betrieb gesetzt werden. Während dieser Ruhepause trat eine Temperaturerhöhung der Tropfkörper von 19 auf 34° C ein, obwohl die Lufttemperatur bei 4° C lag. Bei dem Beginn der neuen Arbeitsperiode der Tropfkörper wurden dann sehr große Mengen an zersetzten biologischen Häuten aus dem Körper ausgespült.

Bei diesen Abbauvorgängen handelt es sich vermutlich um aerobe Zersetzungserscheinungen organischer Bestandteile, wie sie auch beim Frankfurter Heißgärverfahren [28] auftreten. Hierbei wird bekanntlich der auf einen Wassergehalt von 70 % vorentwässerte Schlamm in Gärhaufen bei einer Wärmeentwicklung bis zu 70° C zersetzt und gleichzeitig bis auf einen Restwassergehalt von 10 bis 15 % getrocknet.

Die Abbauprozesse im Tropfkörper können auf Grund der Beobachtungen in Beuthen [9] und Colwick [16] über den Verlauf der Lufttemperatur und die Verminderung des biologischen Rasens während der Beschickungspausen als erwiesen betrachtet werden. Sie geben auch gleichzeitig die Erklärung für die unterschiedlichen Feststellungen über die Veränderung der Temperatur des Abwassers in Tropfkörpern. In Chikago-West konnte sich infolge der sehr geringen Abwasserverschmutzung, selbst bei höheren Raumbelastungen als in Beuthen, nur die für die Abwasserreinigung erforderliche Menge an biologischen Schleimen im Tropfkörper abscheiden. Diese wurden dann infolge der ausreichenden Luftzufuhr unmittelbar im Anschluß an ihre Entstehung so weit abgebaut, daß sie aus dem Körper gespült werden konnten. Während der Monate August und September trat, vermutlich infolge unzureichender Lüftung, eine Verschlammung des Körpers ein. Der Schlammabscheidungsvorgang verlief während dieser Monate nicht in dem gewünschten Gleichlauf mit der Zersetzung der organischen Feststoffe bis zu ihrer Abspülfähigkeit. Der im Körper zurückgebliebene Schlamm mußte deshalb in einer der Abscheidung zeitlich folgenden Zersetzungsphase abgebaut werden. Die dabei frei werdende Zersetzungswärme verringerte die sonst übliche Abkühlung des Abwassers beim Durchfließen des Tropfkörpers. Noch deutlicher sind die zeitlich aufeinanderfolgenden Schlammabscheidungs- und Zersetzungserscheinungen aus den Temperaturen des zu- und abfließenden Abwassers bei den Versuchen mit Molkereiabwasser abzuleiten.

Die Versuche lassen ferner erkennen, daß bei sonst gleichen Betriebsverhältnissen unterschiedliche Mengen an Zersetzungswärme frei werden, da die Abkühlung des Abwassers verschieden groß ist. Es erscheint darum auch die Folgerung gerechtfertigt, daß die Entwicklung von Zersetzungswärme von dem Verschlammungsgrad des Tropfkörpers abhängt. Sie ist um so größer, je mehr organische Feststoffe zersetzt werden müssen.

Die Betriebsergebnisse mit dem überdeckten, unterbrochen beschickten Tropfkörper in Beuthen bestätigen die obigen Ausführungen. In diesem Falle sind die zeitlichen aufeinanderfolgenden Abscheidungs- und Zersetzungsphasen sehr gut zu verfolgen. Die Zersetzungsphase ist hier noch einmal in den eigentlichen aeroben Abbauvorgang bis zur Ausspülfähigkeit und die Ausspülung des zersetzten Schlammes unterteilt. Während der Beschickungszeit wird in dem Tropfkörper bei anfänglich guter Reinigungswirkung mit der Zeit dann soviel Schlamm zurückgehalten, daß die zugeführte Luft nicht mehr die Aufgaben der Abwasserreinigung und des Abbaues der organischen Verunreinigungen erfüllen kann. Die Abwasserzufuhr muß also für eine Zeit lang unterbrochen werden, damit in der Beschickungspause mit Hilfe der zugeführten Luft die aerobe Zersetzung des zurückgehaltenen Schlammes soweit durchgeführt werden kann, daß dieser darauf zu Beginn der neuen Beschickungszeit leicht aus dem Körper ausgespült werden kann.

Auf Grund der Betriebsergebnisse mit offenen Tropfkörpern wäre es denkbar, daß die zeitlich aufeinanderfolgenden Phasen der Schlammabscheidung und Zersetzung auch in überdeckten Tropfkörpern bei ausreichender Luftzufuhr in einem Arbeitsgang durchgeführt werden könnten.

Aus den vorstehend zusammengestellten Beobachtungen deutscher und amerikanischer Forscher geht hervor, daß schlammfreie Körper dem Abwasser beim Durchfließen Wärme entziehen, während verschlammte Körper diesem infolge der sich in ihnen abspielenden wärmespendenden Zersetzungsvorgänge dagegen Wärme zuführen.

Ein vorsorglicher Betriebsleiter kann diese erwiesenen Zusammenhänge für die Steigerung der Leistung der von ihm zu betreuenden Kläranlage dadurch nutzbar machen, daß er während der Sommermonate durch eine entsprechende Erhöhung der Flächenbelastung für eine schnelle und ausreichende Ausspülung aller für die Abwasserreinigung nicht benötigten biologischen Schleime sorgt. Da dieses jedoch nur durch die Vermischung des Rohwassers mit vermehrtem Rücklaufwasser zu erreichen ist — und dieses bekanntlich Nitrate enthält — wird auf diese Weise die im Sommer vielfach unzureichende Lüftung der Tropfkörper durch die bei der Denitrifikation eintretende Voroxydation des Rohwassers reichlich aufgewogen. Die geringe Abkühlung des Abwassers und der damit zusammenhängende Rückgang des Wärmewertes wird durch die intensivere Belüftung schlammfreier Körper, die ja auch keinen Sauerstoff für die aerobe Schlammzersetzung gebrauchen, völlig ersetzt.

Im Winter sollte dagegen durch eine entsprechende Ermäßigung der Flächenbelastung soviel Schlamm im Tropfkörper belassen werden, daß wohl seine ausreichende Lüftung in jeder Hinsicht sichergestellt ist, jedoch die weitere Abkühlung des an sich schon kalten Abwassers unterbunden wird. Wenn auch durch die ständige Befeuchtung der Körper die Decklage selbst während strenger Winter, auch in kleinsten Kläranlagen, eisfrei gehalten werden kann, so würde doch eine Abkühlung des Abwassers einen unerwünschten Leistungsrückgang ergeben.

b) Der Einfluß des Temperaturgefälles auf die natürliche Lüftung offener Tropfkörper.

Nach den Untersuchungen von Halverson [5] sind die Temperaturen des Abwassers und der den Tropfkörper umgebenden Luft in erster Linie für die natürliche Belüftung des Tropfkörpers und damit auch selbstverständlich für seine Leistungsfähigkeit maßgebend. Durch eingehende Untersuchungen an Versuchskörpern ermittelte Halverson, daß die der Einheit der Durchflußfläche in der Zeiteinheit zugeführte Luftmenge der Differenz der Abwasser- (T_a) und Lufttemperatur (T_l) direkt proportional ist. Für das in Bild 22 dargestellte Belüftungsdiagramm läßt sich folgende Gleichung aufstellen:

Zugeführte Luftmenge in der Stunde:

$$l = (T_a - T_l - 1{,}88)\, 4{,}45 \frac{\mathrm{m}^3}{\mathrm{h}}/\mathrm{m}^2 \quad \ldots \quad (27)$$

Zugeführte Luftmenge am Tage:

$$L = 24 = 107\, (T_a - T_l - 1{,}88) \frac{\mathrm{m}^3}{\mathrm{Tg}}/\mathrm{m}^2 \quad \ldots \quad (28)$$

Da 1 m³ Luft bei mittleren Witterungsverhältnissen 0,28 kg Sauerstoff enthält, so hat die durch Gleichung (28) festgelegte Tagesluftmenge die folgende Gewichtsmenge an Sauerstoff:

$$L_s = 0{,}28 \cdot L = 30\, (T_a - T_l - 1{,}88) \frac{\mathrm{kg}\ O_2}{\mathrm{Tg}}/\mathrm{m}^2 \quad (29)$$

Die Bewegungsrichtung der zugeführten Luft ist ebenfalls von dem Temperaturgefälle zwischen Abwasser und Luft abhängig. Ist dieses positiv, d. h. ist das Abwasser wärmer als die Luft, so stellt sich ein aufwärts gerichteter Luftstrom im Tropfkörper ein. Ist dagegen die Luft wärmer als das Abwasser, so werden die über dem Tropfkörper befindlichen Luftmassen abgekühlt. Sie sinken demzufolge nach unten und erzeugen im Tropfkörper einen abwärtsgerichteten Luftstrom.

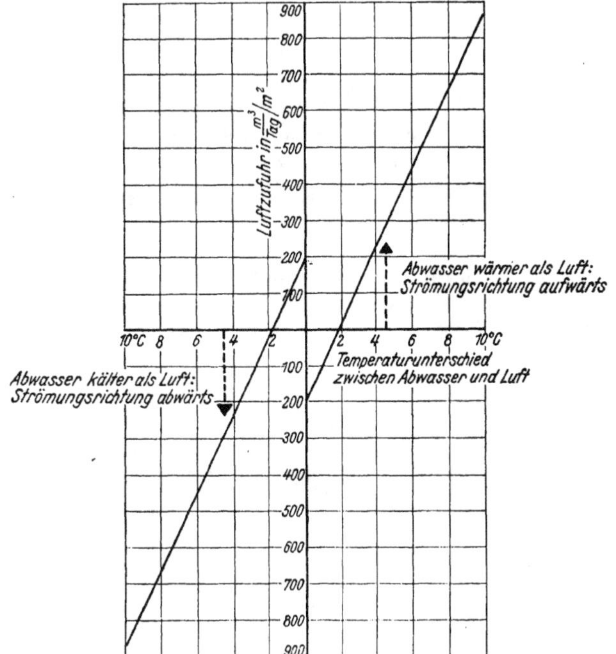

Bild 22. Lüftung offener Tropfkörper infolge des Temperaturunterschiedes zwischen Wasser und Luft.
Luftmenge: $Q = 107\,(T_a - T_l - 1{,}88)\,\frac{\mathrm{m}^3}{\mathrm{Tag}}/\mathrm{m}^2$.

Halverson [3] weist noch darauf hin, daß die sich aus dem Temperaturgefälle ergebende natürliche Lüftung der Tropfkörper von Flächenbelastungen bis zu 18,7 $\frac{\mathrm{m}^3}{\mathrm{Tg}}/\mathrm{m}^2$ unbeeinflußt bleibt. Im allgemeinen wurde jedoch noch bei den Versuchen festgestellt, daß sich bei höheren Flächenbelastungen der Luftstrom viel schneller einstellt als bei geringem Zufluß. Es muß in diesem Zusammenhang noch darauf hingewiesen werden, daß außer der Temperatur auch der Feuchtigkeitsgehalt [29] der Luft und der Kohlensäuregehalt der Tropfkörpergase für die Entstehung der natürlichen Luftzirkulation mit maßgebend sind. Wenn auch die nachgewiesenen Zusammenhänge zwischen dem Verschlammungsgrad der Tropfkörper und der Abkühlung bzw. der Erwärmung des Abwassers die Anwendung der Gleichungen für die natürliche Lüftung offener Tropfkörper erschweren, so können sie doch eine wertvolle Hilfe zur weiteren Erkenntnis über die günstigsten Bedingungen für die Oxydationsvorgänge im Tropfkörper bieten.

c) Der erforderliche Sauerstoffverbrauch für die Reinigung des Abwassers in Tropfkörpern.

Aus den obigen Ausführungen geht noch nicht hervor, wieviel Luft oder Sauerstoff bei den Reinigungs-, Schlammabscheidungs- und Zersetzungsvorgängen verbraucht wird. Auf jeden Fall können sie sich nur dann im Tropfkörper in der gewünschten Weise entfalten, wenn der dabei eintretende Luft- oder Sauerstoffverbrauch mehrfach gedeckt ist. Imhoff berechnet diesen in seinem Taschenbuch [29] für die Reinigung von 1 m³ Abwasser aus dem Unterschied zwischen dem 20tägigen Sauerstoffbedarf des zu- und abfließenden Abwassers und dem Sauerstoffgehalt der Luft (0,280 kg/m³). Der BSB_{20} wird nach der Gleichung von Theriault aus dem BSB_5 ermittelt. Der von Imhoff vorgeschlagene Rechnungsweg läßt sich auch durch die folgenden Formeln zum Ausdruck bringen:

$$BSB_{20} = \frac{1}{0{,}69}\, BSB_5.$$

Der Luftverbrauch beträgt dann:

$$O_1 = (S_r - S_a)\, \frac{1}{0{,}69} \cdot \frac{1}{0{,}280} \cdot$$

Durch Einführung von Gleichung (1) nimmt vorstehende Formel die Gestalt an:

$$O_2 = 5{,}17 \cdot Z$$

Bei der Flächenbelastung des Tropfkörpers mit $V \frac{m^3}{Tg}/m^2$ beträgt demzufolge der Mindestluftverbrauch:

$$O_2 = 5{,}17 \cdot Z \cdot V.$$

Mit Gleichung (15) wird dann für O_2 die Gleichung gefunden:

$$O_2 = 5{,}17 \cdot Z \cdot R \cdot H \quad \ldots\ldots\ldots \quad (30)$$

Dieser Mindestluftverbrauch muß durch die sich infolge des Temperaturgefälles von Abwasser und Luft einstellende natürliche Lüftung ein- oder mehrfach gedeckt werden. Es muß also die nach Gleichung (28) errechnete Luftmenge immer größer oder mindestens gleich dem Luftverbrauch nach Gleichung (30) sein.

$$107\,(T_a - T_l - 1{,}88) \geqq 5{,}17\,Z \cdot R \cdot H \frac{m^3}{Tg}/m^2 \quad (31)$$

$$20{,}7\,(T_a - T_l - 1{,}88) \geqq Z \cdot R \cdot H \frac{kg\,O_2}{Tg}/m^2 \ldots \quad (32)$$

Während Gleichung (31) die Beziehung zwischen dem Luftverbrauch für die Abwasserreinigung und der Luftmenge festlegt, gilt Gleichung (32) für den Sauerstoffverbrauch und den zugeführten Luftsauerstoff.

In den Zahlentafeln 19 und 20 ist auf Grund der Beobachtungen von Mohlmann [15] sowie Trebler, Ernsberger

Zahlentafel 19.

Chicago-West

(F. W. Mohlmann [15]. Sewage Works Journal 1936 Nr. 6).

Monat	Temperaturen Abwasser Zulauf T_a' °C	Temperaturen Abwasser Ablauf T_a'' °C	Temperaturen Luft Zulauf T_l' °C	Temperaturen Luft Ablauf T_l'' °C	Temper. gefälle $T_a - T_l$ °C	Luftzirkulation nat. $\frac{kg\,O_2}{Tag}/m^2$	Luftzirkulation künstl. $\frac{kg\,O_2}{Tag}/m^2$	Sauerstoffverbr. $\frac{kg\,O_2}{Tag}/m^2$	Sauerstoffüberschuß	Rohwasser Menge $V = \frac{m^3}{Tg}/m^2$	Rohwasser BSB_5 mg/l	Ablauf BSB_5 mg/l
1935												
September	21,1	—	18,9	—	2,2	7↑	124↓	0,423	276	21,4	34,5	14,8
Oktober	18,3	—	12,2	16,1	6,1	87↑	124↓	0,569	65	21,7	44,8	18,6
November	13,2	—	3,3	12,3	9,9	160↑	124↓	0,287	40	21,5	41,04	27,7
Dezember	10,2	7,2	—5,0	10,0	1,2	14↑	124↓	0,576	191	21,7	62,1	35,6
1936												
Januar	8,3	5,6	—8,3	—	15,2	276↑	—	0,582	475	21,7	55,3	28,5
Februar	6,7	3,6	—9,4	—	14,7	267↑	—	0,579	461	18,9	74,5	43,9
März	8,3	5,6	3,3	—	3,7	38↑	—	0,276	138	18,9	30,9	16,3
April	12,3	9,4	6,1	—	4,7	58↑	—	0,552	105	18,9	52,7	23,5
Mai	17,6	16,2	18,9	—	—2,0	2↓	124↓	0,417	305	18,9	49,0	27,2
Juni	19,4	17,6	19,4	18,3	—0,9	20↓	124↓	0,403	357	18,9	46,8	25,5
Juli	23,2	22,2	25,7	22,2	—3,0	23↓	124↓	0,331	435	18,9	34,7	17,2
August	25,7	24,5	24,5	—	+0,6	26↑	—	0,280	93	18,9	28,7	13,3
September	22,8	22,2	19,4	—	+3,1	25↑	—	0,275	91	24,9	26,6	12,3

Zahlentafel 20.

Untersuchungen mit Molkereiabwasser.

H. A. Trebler, R. P. Ernsberger, C. T. Roland [13]. Sewage Works Journal 1938 Nr. 5.

Versuch Nr.	Temperaturen Abwasser Zulauf t_a' °C	Temperaturen Abwasser Ablauf t_a'' °C	Temperaturen Luft t_2 °C	Temp. Gefälle $F_2\ t_a - t_l$ °C	nat. Luftzirk. $\frac{kg\,O_2}{Tag}/m^2$	Sauerstoffverbr. $\frac{kg\,O_2}{Tag}/m^2$	Sauerstoffüberschuß	Rohwaser Menge $\frac{m^3}{Tg}/m^2$	Rohwaser BSB_5 mg/l	Ablauf BSB_5 mg/l
1	26,8	25,7	26,8	— 0,55	27,5	10,41	2,64	24,21	1100	670
	»	»	»	»	»	10,15	2,71	26,09	»	711
	»	»	»	»	»	8,19	3,36	20,49	»	700
	»	»	»	»	»	8,57	3,21	22,32	»	716
2	21,8	12,2	17,6	+ 3,9	41,9	3,17	13,2	16,75	801	612
	»	»	»	»	»	2,50	16,75	14,86	»	633
	»	»	»	»	»	2,96	14,15	14,86	»	602
	»	»	»	»	»	3,13	13,39	16,75	»	614
3	17,3	17,6	13,2	+ 4,25	49,1	5,01	9,80	18,62	634	365
	»	»	»	»	»	5,46	9,00	20,49	»	367
4a	17,6	17,6	15,6	+ 2,0	2,50	4,21	0,59	14,86	»	351
4b	17,6	17,6	15,6	+ 2,0	2,50	1,72	1,45	14,86	351	235
5a	15,0	15,0	9,4	+ 5,6	72,0	5,14	14,0	14,86	827	481
6a	13,4	13,4	— 1,1	+14,5	241,0	5,90	40,8	31,70	878	692
7a	16,2	13,2	5,0	+ 9,7	162,0	6,25	26,0	16,75	892	520
8a	21,2	20,0	18,9	+ 1,7	25,0	4,49	0,56	16,75	1058	790
5b	15,0	13,9	9,4	+ 5,05	65,6	2,60	25,61	14,86	481	306
6b	13,4	13,4	— 1,1	+14,5	241,0	4,18	57,6	31,30	692	560
7b	13,2	13,2	5,0	+ 8,2	131,0	2,38	55,0	16,75	520	378
8b	20,0	20,0	18,9	+ 1,1	16,2	4,56	35,5	16,75	790	518
5c	13,9	13,0	9,4	+ 4,05	45,0	3,06	14,7	14,86	306	100
6c	13,4	13,4	— 1,1	+14,5	241,0	3,04	79,3	31,70	560	364
7c	13,2	13,2	5,0	+ 8,2	131,0	2,34	56,0	16,75	378	239
8c	20,0	20,0	18,9	+ 1,1	16,2	3,52	4,60	16,75	518	308

Bemerkung: Das Abwasser ist bei den Versuchen 1—3 einstufig, bei Versuch 4 zweistufig und bei den Versuchen 5—8 dreistufig gereinigt. Der Index *a* entspricht der ersten, *b* der zweiten und *c* der dritten Stufe.

und Roland [13] mit Hilfe der vorstehenden Gleichung der Sauerstoffüberschuß P errechnet. Hiermit wird das Verhältnis der durch den Tropfkörper künstlich oder natürlich geförderten Luftsauerstoffmenge $\left(\frac{\text{kg } O_2}{\text{Tg}}/\text{m}^2\right)$ zu dem auf dem Versuchswege ermittelten Sauerstoffverbrauch der Körper bezeichnet. Es ist also

$$P = \frac{20{,}7\,(T_a - T_l - 1{,}88)}{Z \cdot R \cdot H} \quad \ldots\ldots \quad (33)$$

Das in dieser Gleichung vorkommende Temperaturgefälle wurde aus der Differenz der gemittelten Temperaturen des zu- und abfließenden Abwassers und der atmosphärischen Lufttemperatur ermittelt.

Bei den Versuchen in Chikago-West wurden zeitweise 444 m³/Tag/m² Luft mit 444 · 0,28 = 124 kg Luftsauerstoff von oben nach unten durch den Körper gesogen.

In den Fällen, in denen der künstlich erzeugte Luftstrom dem sich infolge des Temperaturgefälles einstellenden entgegengesetzt verläuft, sind die Luftmengen voneinander abgezogen. Bei gleicher Strömungsrichtung addieren sie sich demgegenüber.

Bei den Untersuchungen zur Feststellung der Grenzbelastung des überdeckten Versuchskörpers mit Beuthener Abwasser wählte Pönninger [9] die Luftmenge 60- bis 70fach (im Mittel 65fach) größer als die jeweils zugeführte Abwassermenge. Da der Versuchskörper eine nutzbare Höhe von 3,7 m hat, so muß bei der Raumbelastung von $1 \frac{\text{m}^3}{\text{Tg}}/\text{m}^3$ eine Luftmenge von $3{,}7 \cdot 65 = 241 \frac{\text{m}^3}{\text{Tg}}/\text{m}^2$ mit $0{,}28 \cdot 241 = 67{,}5$ kg Luftsauerstoff zugeführt werden. Die Berechnung des Sauerstoffüberschusses ist in Zahlentafel 21 aus den bereits vorstehend angegebenen Betriebsergebnissen durchgeführt.

Beim Vergleich der vorstehenden Zahlentafeln fällt in erster Linie auf, daß die gering verschmutzten Abwässer von Chikago-West zu ihrer Reinigung einen wesentlich größeren Sauerstoffüberschuß benötigen als die konzentrierteren Abwässer der Stadt Beuthen und der Molkereien. Dieses ist erklärlich, da stark verschmutztes Abwasser bekanntermaßen sehr begierig den Luftsauerstoff aufnimmt und daher die zugeführten Luftmengen viel besser ausnutzt als dieses bei dünnem Abwasser der Fall sein kann. Auch kann sich bei dickem Abwasser eine gut arbeitende Rasenschicht bilden, durch die Schmutzstoffe aus dem Abwasser herausgefiltert werden.

In Einzelfällen (Versuch 4a und 8a der Zahlentafel 20) ist sogar eine sehr beträchtliche Sauerstoffzufuhr zum Abwasser mit einer unter dem theoretischen Mindestbedarf liegenden Luftzufuhr erzielt worden. Dieses wird einerseits auf die Schwierigkeiten zurückzuführen sein, die der genauen Ermittlung der natürlichen Luftzirkulation entgegenstehen, und wird andererseits daran liegen, daß die Gleichung von Theriault für konzentrierte Abwässer wahrscheinlich etwas nadere Exponenten hat, als sie für die Berechnung des Verhältnisses vom BSB_5 zum BSB_{20} verwendet wurden.

In Bild 23 ist als Ergebnis der vorstehenden Berechnungen der Sauerstoffüberschuß in Abhängigkeit von dem Sauerstoffbedarf des rohen Abwassers aufgetragen. Zur Kennzeichnung der bei dem Sauerstoffüberschuß erzielten Reinigungswirkung ist außerdem noch der Sauerstoffbedarf des Ablaufes eingetragen. Die Verbindungslinie beider Punkte deutet die bei dem vorhandenen Sauerstoffüberschuß erzielte Sauerstoffzufuhr an.

Die Lage der Sauerstoffüberschußwerte P der verschiedenen Tropfkörper gibt ferner den Beweis für die bereits vorstehend angedeutete Tatsache, daß stark verschlammte und schlammfreie Körper für die Erzielung einer gleich großen Reinigungswirkung unterschiedliche Sauerstoffmengen benötigen. Infolge der in verschlammten Körpern auftretenden aeroben Zersetzungsvorgänge müssen diese wesentlich mehr Sauerstoff als die anderen gebrauchen.

Zahlentafel 21.

Raumbelast. R $\frac{\text{m}^3}{\text{Tg}}/\text{m}^3$	Flächenbelastung V $\frac{\text{m}^3}{\text{Tg}}/\text{m}^2$	Sauerstoffbedarf Ablauf mg/l	Sauerstoffzufuhr Z mg/l	Sauerstoffverbrauch $\frac{\text{kg } O_2}{\text{Tag}}/\text{m}^2$	Luftsauerstoff $\frac{\text{kg } O_2}{\text{Tag}}/\text{m}^2$	Sauerstoffüberschuß
1	3,70	10,5	439,5	1,625	67	41,2
1,5	5,55	12,0	438,0	2,430	101	41,6
2,0	7,40	14,0	436,0	3,225	135	41,9
2,5	9,25	19,0	431,0	3,990	168	42,1
3,0	11,10	27,0	423,0	4,695	202	43,0
3,5	12,95	39,0	411,0	5,325	236	44,3

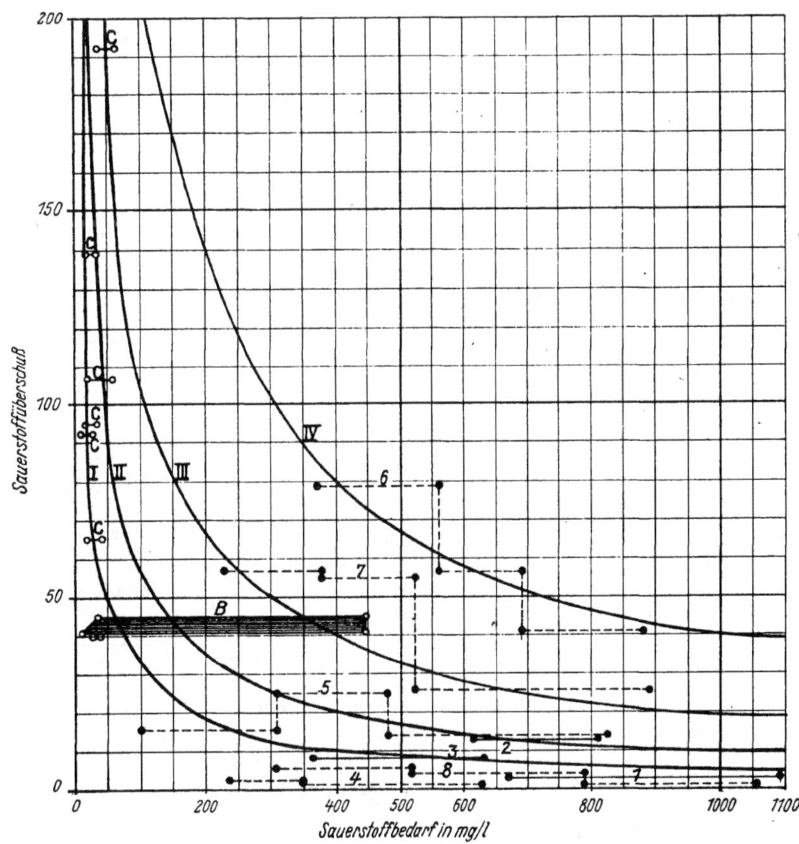

Bild 23. Sauerstoffüberschuß für die Deckung des Sauerstoffverbrauches von Tropfkörpern mit unterschiedlicher Verschlammung bei der biologischen Reinigung verschieden verschmutzter Abwässer.

Sauerstoffüberschuß für Körper mit zweckentsprechender Verschlammung (I und II)

$$P = \frac{5}{S_r^{0,75}} \text{ bis } \frac{10}{S_r^{0,75}}$$

für Körper mit zu großer Verschlammung (III und IV)

$$P = \frac{20}{S_r^{0,75}} \text{ bis } \frac{40}{S_r^{0,75}}$$

C = Chikago-West. Sew. Works Journal 1936, Nr. 6
Nr. 1—8 = Molkerei-Abwasser. Sew. W. J. 1938, Nr. 10
B = Beuthen. Beiheft Ges.-Ing. Heft 18.

Die Überschußwerte des Chikagoer Tropfkörpers (Zahlentafel 19), sowie der mit Molkereiabwasser durchgeführten Versuche 1, 3, 4, 5a und 8 (Zahlentafel 20) liegen entlang einer gleichseitigen Hyperbel I von der Gleichung

$$P = \frac{5}{S_r^{0,75}}.$$

Bei den Versuchen 2 und 3 der Zahlentafel 20, sowie bei einigen der Zahlentafel 19 liegen die P-Werte entlang einer etwas weniger stark gekrümmten Hyperbel II der Gleichung:

$$P = \frac{10}{S_r^{0,75}}.$$

Die Überschußwerte der Beuthener Versuche (Zahlentafel 21), der Versuche 6 und 7 mit Molkereiabwasser (Zahlentafel 20), sowie eines Versuches in Chikago liegen zwischen noch mehr verflachten Hyperbeln (III und IV). In diesem Falle wächst die Konstante der Hyperbelgleichung mit dem gleichen Nenner $Sr^{0,75}$ sogar bis auf 20—40. Da mit wachsenden Konstanten der Sauerstoffüberschuß für die gleiche Abwasserverschmutzung größer wird, muß also auch die bei der Abwasserreinigung benötigte Sauerstoffmenge zunehmen.

Die Tropfkörper, mit denen die Versuche 6 und 7 der Zahlentafel 20 durchgeführt wurden, sind als stark verschlammt gekennzeichnet worden [13]. Der Beuthener Tropfkörper hält zufolge der veröffentlichten Betriebsberichte auch eine so große Schlammenge zurück, daß zu ihrem Abbau besondere Beschickungspausen eingelegt werden müssen. Ferner weist Pönninger [9] bei der Darstellung der Betriebsergebnisse selber darauf hin, daß die Abnahme des Sauerstoffbedarfes des Rohwassers bei verschlammten Körpern ungünstig beeinflußt wird, wenn diesen die sonst üblichen Luftmengen zugeführt werden. Verschlammte Körper werden also durch einen hohen Sauerstoffüberschuß, d. h. durch einen hohen Sauerstoffverbrauch, gekennzeichnet.

Die übrigen Tropfkörper für die Durchführung der Reinigungsversuche von Molkereiabwasser und der der Versuchsanlage Chikago enthalten dagegen nur die für die biologische Abwasserreinigung erforderliche Menge an biologischen Organismen. Für diese wurden die niedrigen Überschußwerte gefunden. Demzufolge haben Tropfkörper mit einer zweckentsprechenden Schlammenge nur einen kleinen Sauerstoffverbrauch, um die biologische Oxydation des Abwassers in ausreichendem Umfang durchführen zu können.

Da die Konstante der Hyperbelgleichung mit der Verschlammung der Körper wächst, so ist sie ein Kennzeichen für seinen Verschlammungsgrad G. Er liegt bei normal arbeitenden Tropfkörpern zwischen 5 und 10 und wächst mit zunehmender Verschlammung auf 40 bis 50. Durch Einführung dieses Verschlammungsgrades in die Gleichung für den Sauerstoffüberschuß erhält diese die allgemeine Form

$$P = G/S_r^{0,75} \quad . \; . \; . \; . \; . \; . \; . \; . \; . \quad (34)$$

Das in der Gleichung (33) vorkommende Produkt $Z \cdot R \cdot H$ ist nicht nur allein der Sauerstoffverbrauch des Tropfkörpers, sondern hinsichtlich seiner Leistung auch die von ihm auf der Einheit der Durchflußfläche hervorgebrachte Sauerstofferzeugung. Der Sauerstoffüberschuß ist also auch nicht nur allein das Verhältnis zwischen der dem Körper zugeführten Luftsauerstoffmenge und seinem Sauerstoffverbrauch, sondern auch das der Luftsauerstoffzufuhr zu seiner Sauerstofferzeugung.

Die für die biologische Oxydation erforderliche Luftsauerstoffmenge ergibt sich demzufolge als das Produkt aus der Sauerstofferzeugung und dem Sauerstoffüberschuß: $Z \cdot R \cdot H \cdot P$. Die Luftmenge ergibt sich dann zufolge der Gleichung (30) durch Multiplikation mit dem Umrechnungswert 5,17

$$O_2 = 5{,}17 \cdot R \cdot H \cdot Z \cdot P = 5{,}17 \frac{G}{S_r^{0,75}} Z \cdot R \cdot H \quad . \; . \quad (35)$$

Zur Erzeugung der gewünschten Sauerstoffmenge muß also dem Tropfkörper je nach seinem Verschlammungsgrad die 26- bis 260fache Luftmenge zugeführt werden.

Die von Pönninger gemachten Betriebserfahrungen in Beuthen weisen darauf hin, daß bei überdeckten Tropfkörpern mit künstlicher Lüftung der Sauerstoffüberschuß zur Vorbeugung von Körperverschlammungen den jeweiligen Verhältnissen angepaßt werden sollte, da diese anderenfalls durch Einschaltung von Beschickungspausen oder durch Chlorung künstlich beseitigt werden müssen.

Mit Hilfe der Gleichungen (28) und (35) ergibt sich dann das Mindesttemperaturgefälle, das für die Erzielung der gewünschten Leistung offener Tropfkörper mit natürlicher Lüftung benötigt wird:

$$T_a - T_l = 0{,}0484 \frac{G}{S_r^{0,75}} Z \cdot R \cdot H \quad . \; . \; . \; . \quad (36)$$

Die Betriebserfahrungen vieler Kläranlagen [4, 7, 8, 11, 13, 15, 19] haben gezeigt, daß sich die aus dem Temperaturgefälle ergebende Lüftung zur Erzielung der gewünschten Leistung ausreicht. Dieses wird selbst bei geringem Temperaturgefälle noch erreicht, wenn die Lüftungszone an der Körpersohle (5) richtig ausgeführt wird und wenn alle für die Abwasserreinigung nicht benötigten biologischen Organismen rechtzeitig nach erfolgter Arbeit wieder aus dem Körper ausgespült werden. Sollte der Verschlammungsgrad des Körpers trotzdem wachsen, so muß das Übermaß an aufgespeichertem Schlamm durch Chlorung oder durch Rückführung gereinigten Abwassers so schnel wie möglich abgestoßen werden.

Während die Chlorung des Tropfkörpers nebst der gewünschten Oxydationswirkung sehr leicht eine zu weitgehende Entschlammung bewirkt, so daß dieser erst wieder einige Tage nach der erfolgten Reinigung durch Neubildung biologischer Organismen auf seine volle Leistung kommt, ist dieses bei der naturnäheren Ausspülung des Schlammüberschusses durch die Rückführung von gereinigtem Abwasser nicht zu befürchten.

d) Einfluß der Abwassertemperatur auf die Leistung der Tropfkörper.

Der Einfluß der Temperaturverhältnisse erstreckt sich aber nicht nur auf die Abkühlung oder Erwärmung des Abwassers infolge seines unterschiedlichen Verschlammungsgrades, sowie auf die Auswirkung der natürlichen Lüftung infolge des Temperaturgefälles, sondern auch auf die biologisch-oxydative Leistung des Körpers selbst, wie bereits mehrfach nachgewiesen werden konnte.

Es ist allgemein bekannt, daß biologische Organismen mit steigender Temperatur ihre Tätigkeit vergrößern. Bei der anaeroben Schlammfaulung ist es auch gelungen, den Umfang der Leistungszunahme der biologischen Abbauvorgänge mit zunehmender Schlammerwärmung auf dem Versuchswege festzulegen. Bei Tropfkörpern wurde bisher lediglich auf ein sehr großes Nachlassen ihrer Leistung während der Wintermonate und ein Ansteigen derselben während der Sommermonate hingewiesen. Im folgenden ist nun durch Auswertung von Betriebsergebnissen bei unterschiedlichen Temperaturverhältnissen der Einfluß der Abwassertemperatur auf die Leistung der Kleinlebewelt der Tropfkörper festzulegen versucht. Da durch Auswertung von Betriebsergebnissen bei gleichbleibenden Temperaturverhältnissen der Belastungswert (Gleichung (26)) in seiner Abhängigkeit von der Bauart und Betriebsweise des Tropfkörpers gekennzeichnet werden konnte, kann nunmehr auch der Wärmewert durch Einführung der Gleichung (17) in (13) ermittelt werden.

$$C_t = \frac{Z}{U \cdot F^{0,12} H^{0,4}} + C_r \quad . \; . \; . \; . \; . \; . \quad (37)$$

In den nachfolgenden Zahlentafeln 22 und 23 sind die Betriebsergebnisse der Versuchsanlage Chikago-West [15] und die der Kläranlage der Dow Chemical Company in Midland [30] zur Berechnung des Wärmewertes nach Gleichung (37) verwendet. Während in der Versuchsanlage das dünne städtische Abwasser von Chikago-West in der üblichen Weise gereinigt wird, dient die Kläranlage in Midland, die aus einer zweckentsprechenden Vorklärung, zwei Tropfkörpern von 43,3 m nutzbaren Durchmesser und 2,975 m mittlerer Höhe, sowie einer Nachklärung in Teichen besteht, zur Behandlung der phenol- und kochsalzhaltigen Abwässer des großen chemischen Werkes. Für beide Anlagen sind die monatlichen Durchschnittswerte für die Leistung der Körper und die Temperaturverhältnisse während eines Betriebsjahres angegeben.

Während die Wärmewerte der Zahlentafel 22 zwischen 1,934 und 1,820 schwanken, liegen die der Zahlentafel 23 infolge der etwas höheren Abwassertemperaturen zwischen 1,0396 und 2,3026. Der Geringstwert fällt übereinstimmend in beiden Anlagen in den November, die Höchstwerte dagegen in die Sommermonate August oder September.

Aus der in Bild 24 vorgenommenen Auftragung der in den Zahlentafeln 22 und 23 errechneten Wärmewerte in Abhängigkeit von der Abwassertemperatur ist wohl ihr Anwachsen mit steigender Wärme des Abwassers zu erkennen. Es lassen sich auch durch eine Reihe der aufgetragenen Werte Parabeln der allgemeinen Gleichung legen:

$$C_t = x\, T_a^{0,75} \quad \ldots\ldots\ldots \quad (38)$$

Jedoch ist damit noch nicht die Abhängigkeit des für die Kurve *I* zu $x = 0{,}175$ und für Kurve *II* zu $x = 0{,}135$ angenommenen Parameters festgelegt.

Nach den vorstehenden Ausführungen dieses Abschnittes (5c) hat das Temperaturgefälle einen maßgebenden Einfluß auf die Lüftung des Tropfkörpers. Es darf also als sehr naheliegend erwartet werden, daß sich der Parameter als eine Funktion des noch nicht bei der Ermittlung des Wärmewertes herangezogenen Unterschiedes zwischen der Abwasser- und Lufttemperatur ergibt. Um diese Abhängigkeit näher festlegen zu können, sind die x-Werte in den Spalten 9 und 10 der Zahlentafeln 22 und 23 durch Teilung des berechneten Wärmewertes durch den Potentialwert der Abwassertemperatur ermittelt.

$$x = \frac{C_t}{T_a^{0,75}} = \frac{C + C_r}{T_a^{0,75}}.$$

e) Der Einfluß des Temperaturgefälles auf die Leistung des Tropfkörpers.

Die errechneten x-Werte sind in der folgenden Zahlentafel 24 mit den dazugehörigen Abwasser- und Lufttemperaturen, sowie dem Temperaturgefälle $W = T_a - T_l$ zusammengestellt und außerdem in Bild 25 in Abhängigkeit davon aufgetragen.

Zahlentafel 22.

Versuchsanlage Chikago-West.

Durchmesser des Tropfkörpers	6,10 m	Benetzungsfläche F	92 m²/m³
Höhe des Tropfkörpers H	2,44 m	Benetzungswert $F^{0,12}$	1,720
Höhenwert $H^{0,4}$	1,429	$F^{0,12}\,H^{0,4}$	2,459

Betriebsmonat	$U = S_r^{1,5}(1-0{,}85\,S_r^{0,75})$ *)	$U \cdot F^{0,12}\,H^{0,4}$	Z mg/l *)	$C = \frac{Z}{U \cdot F^{0,12} H^{0,4}}$	V $\frac{m^3}{Tg}/m^2$	$C_r = \varrho\left(V^{0,25} + \left(\frac{V}{9}\right)^{II}\right)$	$C + C_r = C_t$	Abwassertemper. T_a °C	$T_a^{0,75}$	$\frac{C + C_r}{T_a^{0,75}}$
	1	2	3	4	5	6	7	8	9	10
Sept.	0,0060	0,01475	19,7	1,336	21,42	0,245	1,581	21,1	9,48	0,167
Okt.	0,00875	0,0214	26,2	1,223	21,71	0,253	1,476	18,4	8,89	0,166
Nov.	0,0077	0,0188	13,34	0,709	21,50	0,2475	0,9565	14,5	7,48	0,128
Dez.	0,0138	0,0340	26,5	0,766	21,71	0,253	1,019	10,6	5,89	0,173
Jan.	0,0118	0,0290	26,8	0,924	21,71	0,253	1,177	8,3	4,89	0,241
Feb.	0,01178	0,0438	30.6	0,699	18,89	0,235	0,934	6,7	4,165	0,224
März	0,0051	0,0125	14,6	1,168	»	»	1,403	8,5	4,98	0,283
April	0,0110	0,0271	29,2	1,077	»	»	1,312	12,3	6,58	0,199
Mai	0,0100	0,0246	22,1	0,899	»	»	1,134	17,8	8,02	0,141
Juni	0,0093	0,0239	21,3	0,891	»	»	1,126	19,5	9,29	0,121
Juli	0,0060	0,01475	17,5	1,186	»	»	1,421	23,5	10,69	0,133
Aug.	0,0045	0,0111	14,8	1,332	»	»	1,567	25,6	11,00	0,142
Sept.	0,0041	0,0101	14,3	1,415	24,90	0,405	1,820	22,8	9,25	0,197

*) Diese Werte sind aus den Angaben über den Sauerstoffbedarf des Zu- und Ablaufes nach den Gleichungen 5 bzw. 1 errechnet.

Zahlentafel 23.

Kläranlage der Dow Chemical Company, Midland.

Nutzbarer Durchmesser des Tropfkörpers	43,3 m	Benetzungsfläche F	82 m²/m³
Höhe des Tropfkörpers H	2,975 m	Benetzungswert $F^{0,12}$	1,696
Höhenwert $H^{0,4}$	1,546	$F^{0,12} \cdot H^{0,4} = 2{,}621$	

Betriebsmonat	$U = S_r^{1,5}(1-0{,}85\,S_r^{0,25})$ *)	$U \cdot F^{0,12}\,H^{0,4}$	Z mg/l	$C = \frac{Z}{U \cdot F^{0,12} H^{0,4}}$	V $\frac{m^3}{Tg}/m^2$	$C_r = \varrho\left(V^{0,2} + \left(\frac{V}{9}\right)^{II}\right)$	$C + C_r = C_t$	Abwassertemper. T_a °C	$T_a^{0,75}$	$\frac{C + C_r}{T_a^{0,75}}$
	1	2	3	4	5	6	7	8	9	10
Sept.	0,081	0,0212	39	1,838	13,12	0,0999	1,9379	25,0	11,45	0,169
Okt.								21,0	9,82	
Nov.	0,00578	0,01515	15	0,990	8,30	0,0496	1,0396	16,1	8,05	0,129
Dez.	0,01165	0,0304	40	1,315	7,95	0,0473	1,3623	15,0	7,64	0,1785
Jan.	0,01505	0,0395	50	1,265	8,42	0,0506	1,3156	18,9	9,06	0,1452
Feb.	0,0157	0,0412	51	1,236	8,00	0,0474	1,2834	16,1	8,05	0,1594
März	0,0211	0,0554	79	1,425	11,55	0,0790	1,504	19,4	9,25	0,1625
April	0,0204	0,0537	73	1,359	13,86	0,1109	1,4699	22,2	10,24	0,1435
Mai	0,0142	0,0373	54	1,456	16,45	0,1594	1,6154	26,2	11,58	0,1394
Juni	0,0132	0,0346	52	1,503	15,76	0,1459	1,6489	29,5	12,70	0,1299
Juli	0,00497	0,01304	25	1,919	15,46	0,1385	2,0575	31,2	13,19	0,1560
Aug.	0,00388	0,01016	22	2,162	15,61	0,1406	2,3026	31,8	13,36	0,1726

*) Diese Werte sind aus den Angaben über den Sauerstoffbedarf des Zu- und Ablaufes nach den Gleichungen 5 bzw. 1 berechnet.

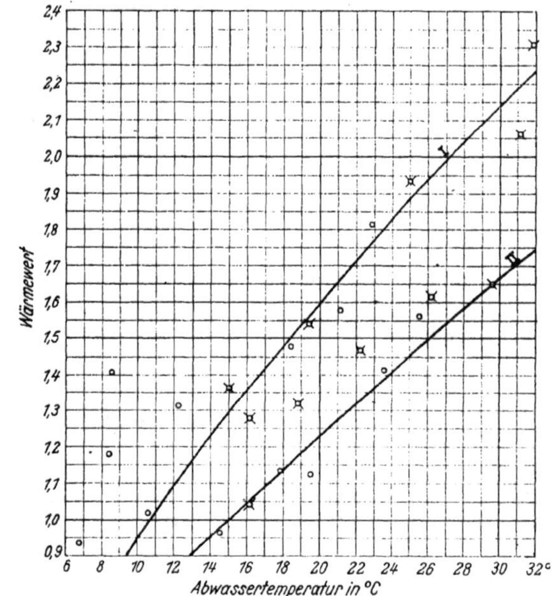

Bild 24. Wärmewert in Abhängigkeit von der Abwassertemperatur.
o Versuchsanlage Chikago-West. Sew. Works Journal 1936
¤ Kläranlage der Dow Chemical Co. Sew. Works Journal 1938.
Kurve I $C t_a = 0{,}175\ t_a^{0{,}75}$ Kurve II $C t_a = 0{,}135\ t_a^{0{,}75}$.

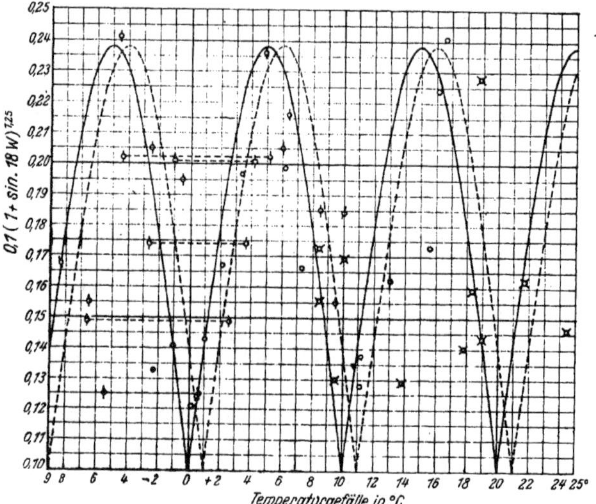

Bild 25. Wärmewert in Abhängigkeit vom Temperaturgefälle.
——— $C_t = 0{,}1\ (1 + \sin \cdot 18\,W)^{1{,}25}$
– – – – $C_t = 0{,}1\ (1 + \sin \cdot 18\,(W - 1))^{1{,}25}$.
o Versuchsanlage Chikago-West
¤ Kläranlage der Dow-Chemical Co.
ϕ Kläranlage Stuttgart-Mühlhausen.

Zahlentafel 24.

Anlage	Betriebsmonat	Abwassertemp. T_a °C	Lufttemp. T_l °C	Temp-Gefälle W °C	$x = \frac{C_t}{T_a^{0,75}}$	$x = 0{,}1\ (1 + \sin 18\,W)^{1{,}25}$
1	2	3	4	5	6	7
Chikago-West	Sept.	21,1	18,9	2,2	0,167	0,185
	Okt.	18,4	11,1	7,3	0,166	0,201
	Nov.	14,5	3,3	11,2	0,128	0,148
	Dez.	10,6	—5,0	15,6	0,173	0,235
	Jan.	8,3	—8,3	16,6	0,241	0,220
	Feb.	6,7	—9,4	16,1	0,224	0,218
	März	8,5	3,3	5,2	0,283	0,237
	April	12,3	6,1	6,2	0,199	0,227
	Mai	17,8	18,9	—1,1	0,141	0,146
	Juni	19,5	19,4	+0,1	0,121	0,104
	Juli	23,5	25,6	—2,1	0,133	0,182
	Aug.	25,6	24,5	+1,1	0,142	0,143
	Sept.	22,8	19,4	+3,4	0,197	0,220
Midland	Sept.	25,0	15,0	10,0	0,169	0,100
	Nov.	16,1	3,3	12,8	0,129	0,165
	Dez.	15,0	—3,9	18,9	0,1785	0.152
	Jan.	18,9	—5,5	24,4	0,1452	0,235
	Feb.	16,1	—2,2	18,3	0,1594	0,167
	März	19,4	—3,3	21,7	0,1625	0,166
	April	22,2	+3,3	18,9	0,1435	0,144
	Mai	26,2	8,35	17,85	0,1394	0,186
	Juni	29,5	20,0	9,5	0,1299	0,120
	Juli	31,2	22,8	8,4	0,1560	0,164
	Aug.	31,8	23,4	8,4	0,1726	0,164

Aus der Lage der in Bild 25 aufgetragenen Werte geht hervor, daß diese zunächst mit größer werdendem Temperaturgefälle sehr schnell einem bei $W = 5^0$ C liegenden Höchstwert zustreben, um ebenso schnell wieder auf einen Tiefstwert bei $W = 10^0$ C zu fallen. Dieses Anwachsen und Abnehmen der x-Werte innerhalb eines Gefällbereiches von 10^0 C wiederholt sich innerhalb des durch die Auswertung der Versuchsergebnisse erfaßten Temperaturgefälles von $W = -2{,}1$ bis $W = +24{,}4^0$ C mit deutlich wahrnehmbarer Regelmäßigkeit.

Diese an sich nicht zu erwartende Erscheinung läßt sich nur dadurch erklären, daß in diesen beiden Kläranlagen bei Temperaturgefällen von $W = 5$; 15 bzw. 25^0 C infolge der dann herrschenden Temperaturverhältnisse und der sich daraus ergebenden Körperlüftung optinale Lebensbedingungen für die biologischen Organismen geschaffen werden.

Aus den auf der Stuttgarter Kläranlage mit großer Sorgfalt zusammengetragenen Betriebsergebnissen an einzelnen über das Jahr verteilten Tagen (8) lassen sich zufolge der in Zahlentafel 25 vorgenommenen Auswertungen die gleichen vorstehenden Gesetzmäßigkeiten ableiten. Aus den von Sohler angegebenen Grenzwerten der Lufttemperatur sind die sehr großen Schwankungen des Temperaturgefälles im Verlauf eines einzelnen Tages zu erkennen. An verschiedenen Tagen wechselt dieses sogar infolge großer Unterschiede zwischen der Luftwärme während der Tages- und Nachtstunden von der positiven zur negativen Seite. In diesem Falle sind die ebenfalls in Bild 25 aufgetragenen x-Werte für das gemittelte negative und positive Gefälle angegeben. Die beiden auf diese Weise für einen Betriebstag gefundenen Punkte sind zur Andeutung ihrer Zusammengehörigkeit durch eine Linie verbunden.

Die verhältnismäßig gut übereinstimmende Anordnung der x-Werte aller drei Kläranlagen entlang einer sinuscosinusförmigen Kurve, die ihre Höchstwerte bei Temperaturgefällen von $-4{,}5$, $+5{,}0$ und $+16{,}5^0$ C, sowie ihre Kleinstwerte zwischen solchen von 0 bis 1,0 und 10 bis 11^0 C haben, rechtfertigt die Festlegung der obigen Zusammenhänge zwischen den x-Werten und dem Temperaturgefälle durch eine Sinusfunktion von der Form:

$$\left.\begin{aligned} x &= 0{,}1\ (1 + \sin 18\,W)^{1{,}25} \\ \text{bis} \quad x &= 0{,}1\ (1 + \sin 18\,(W - 1)^{1{,}25} \end{aligned}\right\} \quad \ldots\ldots (39)$$

Aus Mangel an genügenden Betriebsergebnissen läßt sich der Beginn der Sinuskurve noch nicht genau festlegen. Da die mit Hilfe der Gleichung (39) errechneten x-Werte der Anlagen Chikago-West und Midland bis auf einige mit den auf dem Versuchswege gefundenen Werten gut übereinstimmen (Zahlentafel 24, Spalten 6 und 7), wird vorläufig der Kurvenbeginn entsprechend Gleichung (39) auf den Temperaturgleichwert von Abwasser und Luft gelegt. Bei der Anwendung dieser Gleichung ist jedoch zu berücksichtigen, daß die im III. und IV. Quadranten liegenden Werte positiv einzusetzen sind.

Durch die Zusammenfassung der Gleichungen (38) und (39) ergibt sich dann die endgültige Beziehung für den Wärmewert zu

$$C_t = 0{,}1\ (1 + \sin 18\,W)^{1{,}25}\ T_a^{0{,}75} \quad \ldots\ldots (40)$$

Der Wärmewert kann für die Abwassertemperaturen von 1 bis 30^0 C und die sich ergebenden Temperaturgefälle aus Bild 26 abgelesen werden.

Zahlentafel 25.

Kläranlage Stuttgart-Mühlhausen.

Höhe des Tropfkörpers H	1,65 m	Benetzungswert $F^{0,12}$	1,770
Höhenwert $H^{0,4}$	1,22	Flächenbelastung V	$15 \frac{m^3}{Tg}/m^2$
Benetzungsfläche F	117 m²/m³		

Belastungswert $C_r = \frac{0,15}{1,65^{1,85}}\left[15^{0,25} + \left(\frac{15}{9}\right)^{1,65}\right] = 0,059 \cdot 4,3 = 0,254$; $H^{0,4} \cdot F^{0,12} = 1,22 \cdot 1,77 = 2,16$

Datum	$U = S_r^{1,5}(1 - 0,85\,S_r^{0,75})$ *)	$U \cdot F^{0,12} H^{0,4}$	Z mg/l *)	$C = \frac{Z}{U \cdot F^{0,12} H^{0,4}}$	$C_t = C + C_r$	T_a °C	T_l °C	$W = T_a - T_l$ °C	$T_a^{0,75}$	$x = \frac{C_t}{T_a^{0,75}}$
	1	2	3	4	5	6	7	8	9	10
31,3	0,0880	0,1900	233,0	1,228	1,482	14,0	8,0	+6,0	7,25	0,205
7,4	0,0325	0,0703	88,4	1,258	1,512	14,3	16,8	—2,5	7,40	0,205
22,6	0,0670	0,1448	182,3	1,258	1,512	18,7	27,0	—8,3	9,05	0,167
16,9	0,0338	0,0731	111,8	1,530	1,784	19,3	19,8	—0,5	9,25	0,193
17,3	0,0120	0,0260	36,0	1,382	1,636	12,7	11,5	+1,2	6,30	0,260
31,3	0,0500	0,1080	132,0	1,222	1,476	12,5	7,5	+5,0	6,25	0,236
10/11,5	0,0299	0,0647	96,7	1,495	1,749	14,0	23/14	—9,0/0,0	7,25	0,241
1—2,6	0,0232	0,0502	59,0	1,175	1,429	16,5	21/9	—4,5/+7,5	8,20	0,174
22,6	0,0375	0,0811	124,3	1,534	1,788	18,2	8/27	+10,2/—8,8	8,85	0,202
14/15,7	0,0775	0,1675	157,0	0,938	1,192	20,0	19/31	+1,0/—11,0	9,50	0,125
9—10,8	0,0760	0,1643	195,7	1,191	1,445	20,7	18/34	+2,7/—13,3	9,72	0,149
6—7/9	0,0715	0,1545	185,4	1,200	1,454	19,5	20/32	—0,5/—12,5	9,35	0,155
16—17,9	0,0050	0,0108	16,5	1,525	1,779	18,2	10/19,8	+8,2/—1,6	8,85	0,201
7—8,10	0,0495	0,1070	152,7	1,427	1,681	19,0	9/12	+10/+7,0	9,10	0,185
10—11,11	0,0860	0,1860	241,0	1,295	1,549	17,0	7	+10,0	8,40	0,184
1,12	0,0870	0,1880	198,0	1,054	1,308	16,0	3	+13,0	8,05	0,162
3—4,2	0,0565	0,1220	148,0	1,212	1,466	12,4	4/8	+8,4/+4,4	6,80	0,216
22—23,2	0,0730	0,1578	128,0	0,813	1,067	12,6	4	+9,6	6,90	0,155

*) Diese Angaben sind aus den Angaben über den Sauerstoffbedarf des Zu- und Ablaufes nach den Gleichungen 5 bzw. 1 berechnet.

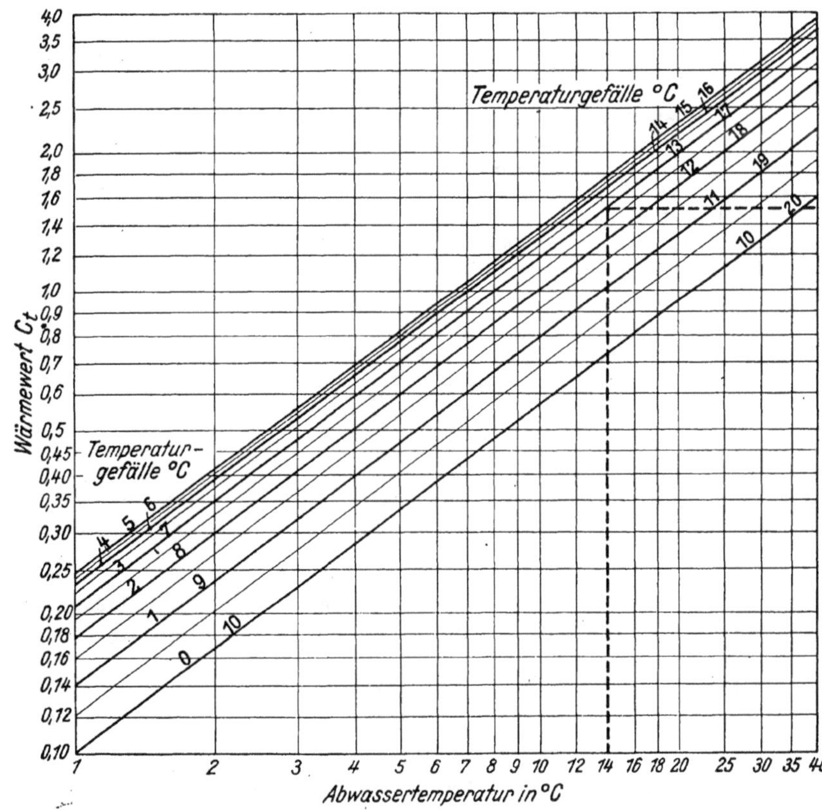

Bild 26. Wärmewert $C_t = 0,1\,(1 + \sin \cdot 18\,(T_a - T_2))^{1,25}\,T_a^{0,75}$.
Für $T_a = 14$ °C und $T_2 = 17$ °C wird $T_a - T_2 = 3$ °C und $C_t = 1,500$.

Der Wärmewert wird also einerseits von der Abwassertemperatur und andererseits, wie die natürliche Lüftung der Tropfkörper, von dem Unterschied zwischen der Abwasser- und Luftwärme beeinflußt. Eine weitere Übereinstimmung zwischen dem Wärmewert und der natürlichen Lüftung kann noch darin erblickt werden, daß sich beide sowohl bei positivem $(T_a > T_l)$, als auch bei negativem Gefälle $(T_a < T_l)$ in gleicher Höhe einstellen. Während jedoch die natürliche Lüftung zufolge der Untersuchungen von Halverson bei einem Temperaturgefälle von 1,88° C zu 0 wird, erreicht der Wärmewert seinen Kleinstwert bei einem Unterschied von 0 bis 1° C. Diese Zusammenhänge lassen erkennen, daß gesunde biologische Organismen schlammfreier Tropfkörper selbst bei vorübergehend fehlender Lüftung das Abwasser noch reinigen können. Es muß jedoch dafür gesorgt werden, daß der Tropfkörper nicht verschlammt, da sonst seine Leistung sehr schnell abnehmen würde. Durch den von Husmann und Lanz [23] beobachteten Fortgang der Reinigungswirkung des überdeckten Tropfkörpers bei abgestelltem Ventilator während mehrerer Tage finden die theoretisch abgeleiteten Zusammenhänge ihre praktische Bestätigung. anlagen gefunden wird zu:

Mit der Zusammenfassung der Einflüsse der Temperaturverhältnisse auf die Leistung der Tropfkörper in der Gleichung (40) sind alle Wechselwirkungen zwischen der Bauart der Tropfkörper, ihrer Betriebs- und Beschikkungsweise, sowie der Witterungsverhältnisse erforscht, so daß mit ihrer Einführung in die Gleichungen (26), (17) und (14) die allgemeine Beziehung für die Sauerstoffzufuhr in Tropfkörper-

$$Z = U \cdot F^{0,12}\,H^{0,4}\,(C_t - C_r)$$

$$Z = S_r^{1,5}\,(1 - 0,85\,S_r^{0,75}) \cdot F^{0,12} \cdot H^{0,4}$$
$$\left\{0,1\,[1 + \sin 18\,(T_a - T_l)]^{1,25} \cdot T_a^{0,75} - \frac{0.15}{m^{1,33}\,H^{1,85}}\left[V^{0,25} - \left(\frac{V}{9}\right)^{u}\right]\right\} \quad . . . (41)$$

6. Nachprüfung der Gleichung für die Sauerstoffzufuhr an Betriebsergebnissen anderer Kläranlagen.

Bei der Ableitung der Gleichung (41) für die Sauerstoffzufuhr sind bereits die Betriebsergebnisse von zwölf kleineren und größeren Kläranlagen der verschiedensten Bauarten und mit den unterschiedlichsten Betriebsweisen ausgewertet worden. So konnte aus den Versuchen in der Anlage Lakestreet [3] der Umsetzungsgrad (Gleichung (5)) abgeleitet werden. Die Erforschung des Einflusses der Benetzungsfläche auf die Leistung der Tropfkörper in den Anlagen Ames [7], Colwick [16] und Hilversum führten darauf zur Festlegung des Benetzungswertes (Gleichung (10)). Mit Hilfe der Untersuchungen auf den Kläranlagen in Beuthen [9], Colwick [16] und Cedar Rapids [24] konnte dann unter Zusammenfassung mit den bisherigen Feststellungen der Höhenwert (Gleichung (13)) ermittelt werden. Aus den Forschungen von Jenks [4], Pönninger [9] und Fischer [22] wurde darauf unter Berücksichtigung der bereits gefundenen Abhängigkeiten der Belastungswert (Gleichung (26)) herausgearbeitet. Hierdurch konnte nunmehr auch noch mit Hilfe der Ergebnisse der Kläranlagen Stuttgart-Mühlhausen [8], Chikago-West [15] und Midland [30] der Wärmewert (Gleichung (40)) festgestellt werden. Die auf diese Weise entwickelte Gleichung für die Sauerstoffzufuhr ist nun außerdem noch durch die Auswertung der Betriebsergebnisse nachgeprüft worden, die in anderen elf Kläranlagen gefunden wurden. Dieses ist in der Weise durchgeführt worden, daß der Wärmewert unter Berücksichtigung der Bauart und Betriebsweise der Tropfkörper, sowie der tatsächlich erreichten Sauerstoffzufuhr nach Gleichung (41) errechnet wurde:

$$C_t = \frac{Z}{U \cdot F^{0,12}\, H^{0,4}} + C_r .$$

Der Aufbau der Gleichung (41) würde sich dann als richtig erweisen, wenn die aus den Betriebsergebnissen errechneten Wärmewerte sich den durch die Ortslage und Jahreszeiten bedingten Temperaturverhältnissen des Abwassers und der Luft anschmiegen. Es darf jedoch nicht außer Acht gelassen werden, daß der Wärmewert hinsichtlich der inneren Arbeit des Tropfkörpers ein Maß für die Leistung der auf den Füllstoffen eingesiedelten biologischen Organismen ist und daß er daher zufolge der Ausführungen im Abschnitt 5c auch von dem Verschlammungsgrad der Körper abhängt. Bei stark verschlammten Körpern ist demzufolge mit Rücksicht auf ihren Eigenverbrauch an Sauerstoff für die aerobe Zersetzung der aufgespeicherten Schlammengen ein kleinerer Wärmewert zu erwarten als bei solchen mit einer für die Abwasserreinigung erforderlichen günstigen Menge an biologischen Organismen.

In Zahlentafel 26 sind zunächst die jährlichen Durchschnittsergebnisse der Anlagen Stahnsdorf [19], Moskau-Koschuchovo [32], Winterswijk [33], Groenlo [33] und des Lippeverbandes [31] ausgewertet worden. Wie aus der Zahlentafel hervorgeht, erreicht der Versuchskörper nach Halverson der Kläranlage Stahnsdorf mit 1,314 den höchsten Wärmewert. Bei dem russischen Tropfkörper mit künstlicher Belüftung tritt der Einfluß der Abwasser- und Lufttemperatur sehr deutlich hervor, da der Wärmewert in den Wintermonaten bei 1,21 liegt, während er im Sommerhalbjahr auf 1,43 steigt. In beiden Fällen dienen die Tropfkörper zur Reinigung von dünnem Abwasser bei Raumbelastungen von 4,3 bis 10 $\frac{m^3}{Tg}/m^3$.

Die Tropfkörper der beiden folgenden Anlagen müssen dagegen stärker verschmutztes Abwasser bei Raumbelastungen zwischen 0,5 und 3,9 $\frac{m^3}{Tg}/m^3$ reinigen. Die Wärmewerte liegen in diesem Falle zwischen 1,01 und 1,21. Da mit Sicherheit angenommen werden kann, daß die Temperaturverhältnisse dieser vier ersten Anlagen nicht wesentlich voneinander abweichen, so kann der Rückgang des Wärmewertes nur darauf zurückgeführt werden, daß infolge ungeeigneter Flächenbelastungen eine große Schlammenge in den Körpern aufgespeichert wird, zu deren aerober Zersetzung ein Teil des in den Tropfkörpern erzeugten Sauerstoffes verbraucht wird (s. Abschnitt 5c). Die Richtigkeit der oben angedeuteten Zusammenhänge wird ferner durch das Anwachsen des Wärmewertes mit steigender Raum

Zahlentafel 26.

Anlage	Stahnsdorf	Moskau		Winterswijk					Groenlo					Lippeverband
Betriebsjahr	1938	Sommer	Winter	1933	1934	1935	1936	1937	1933	1934	1935	1936	1937	—
Sauerstoffbedarf (BSB_5) in mg/l1 des vorgekl. Rohwassers — S_r	111	90	100	310	223	224	227	227	380	328	284	182	182	222
des biol. ger. Abwassers — S_a	22	15	15	33	19	16	16	16	19	23	18	10	10	14
Sauerstoffzufuhr $S_r - S_a = Z$	89	75	85	287	204	208	211	211	361	305	266	172	172	208
Umsetzungsgrad $= U$	0,0305	0,0232	0,026	0,112	0.0755	0,0756	0,0766	0,0766	0,1375	0,118	0,100	0,059	0,059	0,0753
Benetzungsfläche F m²/m³	100	155	»	130	»	»	»	»	130	»	»	»	»	105
Benetzungswert $F^{0,12}$	1,738	1,833	»	1,795	»	»	»	»	1,795	»	»	»	»	1,749
Tropfkörperhöhe H — m	2,50	4,00	»	2,25	»	»	»	»	2,25	»	»	»	»	3,50
Höhenwert $H^{0,4}$	1,45	1,74	»	1,38	»	»	»	»	1,38	»	»	»	»	1,65
Raumbelastung $R \frac{m^3}{Tg}/m^3$	10,0	5,4	4,3	2,46	3,52	3,25	3,56	3,90	0,506	0,559	0,618	0,612	0,627	3,1
Flächenbelastung $V \frac{m^3}{Tg}/m^2$	25,0	21,60	17,20	5,535	7,920	7,313	8,01	8,775	1,139	1,258	1,391	1,377	1,411	10,85
Rückführungsverhältnis	2,0	—	—	—	—	—	—	—	—	—	—	—	—	—
Belastungswert C_r	0,159	0,426	0,186	0,063	0,0804	0,0757	0,0814	0,0897	0,0352	0,0355	0,0369	0,0365	0,0372	0,0546
$Z : U \cdot F^{0,12} H^{0,4}$	1,155	1,012	1,025	1,032	1,091	1,110	1,115	1,115	1,059	1,044	1,070	1,178	1,178	0,959
Wärmewert $C_t = \frac{Z}{U \cdot F^{0,12} H^{0,4}} + C_r$	1,314	1,438	1,211	1,095	1,171	1,186	1,196	1,205	1,094	1,080	1,107	1,215	1,215	1,014

belastung und abnehmender Wasserverschmutzung bestätigt. Diese Maßnahmen bewirken bekanntlich eine Verringerung des Verschlammungsgrades und gewährleisten damit auch eine bessere Ausnutzung des von den Tropfkörpern erzeugten Sauerstoffes für die Abwasserreinigung.

Der Wärmewert des überdeckten Tropfkörpers vom Lippeverband mit 1,014 paßt sich trotz der starken, künstlichen Belüftung und des Unterschiedes in der Abwasserverschmutzung dem des Beuthener Tropfkörpers mit 0,946 sehr gut an. Da die Temperaturverhältnisse in einem überdeckten Tropfkörper günstiger sind als in einem offenen mit natürlicher Lüftung, so kann auch in diesem Falle der Rückgang des Wärmewertes gegenüber denen der ersten beiden Tropfkörper dieser Zahlentafel nur auf einen zu großen Verschlammungsgrad zurückgeführt werden.

Um den Einfluß der durch die Jahreszeiten bedingten Temperaturverhältnisse festlegen zu können, sind die mittleren Monatsergebnisse der Anlagen Chikago-West [15] und [17] und Cedar Rapids [24] in den Zahlentafeln 27 und 28 für die Dauer von zwei Betriebsjahren ausgewertet worden. Die ermittelten Wärmewerte sind außerdem in Bild 27 in Abhängigkeit von der Jahreszeit aufgetragen.

Die Wärmewerte der normal belasteten Tropfkörperanlage Cedar Rapids (Zahlentafel 27) für die Reinigung von 21,500 bis 43,500 m³/Tag stark verschmutztem Abwasser erreichen mit $C_t = 0{,}9$ bis 1,13 die gleiche Größe wie in den ähnlich betriebenen Anlagen Winterswijk, Groenlo, Beuthen und des Lippeverbandes.

Bei der hochbelasteten Tropfkörperanlage Chikago-West (Zahlentafel 28) liegen die Wärmewerte übereinstimmend mit den Ergebnissen der Zahlentafel 26 über denen der normalbelasteten Tropfkörper und entsprechen mit $C_t = 0{,}95$ bis 1,85, im Mittel 1,3, sehr gut den Leistungen der Anlagen Stahnsdorf und Moskau-Koschuchovo. Der Verlauf der in Bild 27 aufgetragenen Kurven für die Wärmewerte läßt ferner noch erkennen, daß diese bei hochbelasteten Tropfkörpern wesentlich größeren Schwankungen unterliegen als bei denen mit normaler Belastung. Andererseits

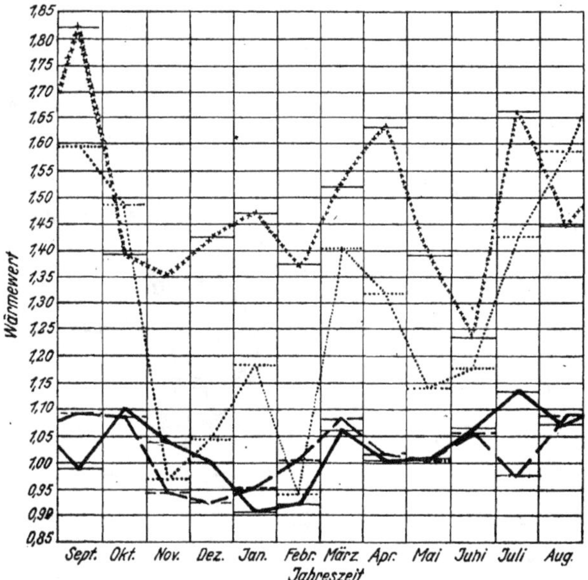

Bild 27. Wärmewert der Kläranlagen Chikago-West und Cedar-Rapids in Abhängigkeit von der Jahreszeit.
——— Cedar-Rapids von April 1936
——— » » bis März 1938
········ Chicago-West von September 1935
xxxxxxxx » » bis August 1937.

Zahlentafel 27.

Kläranlage Cedar-Rapids

(Municipal Sanitation Mai 1939).

Tropfkörperhöhe $H = 1{,}98$ m Benetzungsfläche $F = 98$ m²/m³
Höhenwert $H^{0,4} = 1{,}31$ Benetzungswert $F^{0,12} = 1{,}734$.

Monat	Sauerstoffbedarf vorgekl. Rohwasser S_r	biol. ger. Abwasser S_a	Sauerstoffzufuhr $Z = S_r - S_a$	Umsetzungsgrad U	Raumbelastung R	Flächenbelastung V	Belastungswert C_r	$\frac{Z}{U \cdot F^{0,12} H^{0,4}}$	Wärmewert C_t
	mg/l	mg/l	mg/l		$\frac{m^3}{Tg}$/m³	$\frac{m^3}{Tg}$/m²			
1936 April	316	70	246	0,1130	1,20	2,376	0,0572	0,960	1,0172
Mai	504	122	382	0,1760	0,83	1,643	0,0505	0,955	1,0055
Juni	874	63	311	0,1355	0,69	1,366	0,0477	1,010	1,0577
Juli	422	101	321	0,1520	0,66	1,307	0,0464	0,930	0,9764
Aug.	405	60	345	0,1465	0,99	1,960	0,0534	1,039	1,0923
Sept.	255	68	187	0,0882	1,04	2,059	0,0544	0,935	0,9894
Okt.	239	45	194	0,0820	0,88	1,742	0,0516	1,040	1,0916
Nov.	367	73	294	0,1330	0,78	1,544	0,0494	0,975	1,0244
Dez.	393	85	308	0,1420	0,91	1,802	0,0520	0,955	1,0070
1937 Jan.	400	118	282	0,1450	0,87	1,723	0,0512	0,856	0,9071
Feb.	288	83	205	0,1025	0,97	1,921	0,0529	0,880	0,9329
März	258	54	204	0,0895	1,32	2,614	0,0589	1,002	1,0609
April	261	63	189	0,0905	1,01	2,000	0,0537	0,919	0,9727
Mai	445	101	344	0,1590	1,03	2,039	0,0542	0,952	1,0062
Juni	402	70	332	0,1450	1,13	2,245	0,0555	1,007	1,0625
Juli	283	38	245	0,1000	1,04	2,057	0,0544	1,076	1,1304
Aug.	275	52	223	0,0962	0,89	1,758	0,0520	1,021	1,0730
Sept.	209	43	166	0,0700	0,81	1,600	0,0503	1,045	1,0953
Okt.	339	49	290	0,1225	0,85	1,673	0,0508	1,040	1,0907
Nov.	354	79	275	0,1283	0,83	1,645	0,0505	0,944	0,9945
Dez.	394	111	283	0,1425	0,88	1,750	0,0520	0,874	0,9260
1938 Jan.	476	130	346	0,1690	0,84	1,655	0,0506	0,901	0,9516
Feb.	417	90	327	0,1500	0,95	1,881	0,0528	0,959	1,0117
März	311	48	263	0,1120	0,91	1,796	0,0518	1,031	1,0828
Mittel 1936/37	342	78	266	0,1235	0,93	1,841	0,0527	0,948	1,0007
Mittel 1937/38	352	74	278	0,1275	0,92	1,826	0,0525	0,959	1,0115

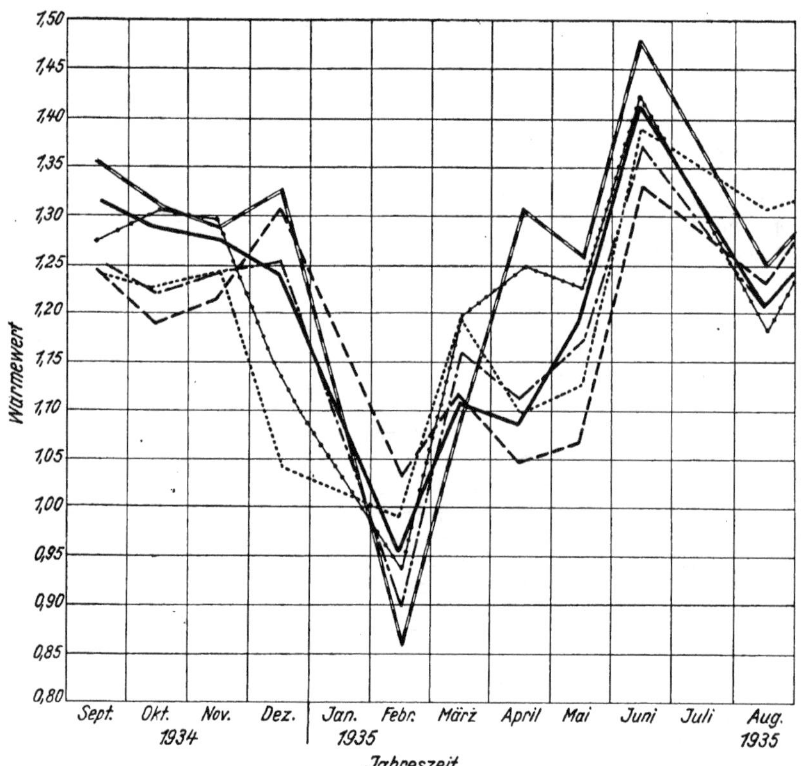

Bild 28. Wärmewerte der Versuchsanlage Ames in Abhängigkeit von der Jahreszeit.

I	Benetzungsfläche	80 m²/m³ ———
II	»	249 m²/m³ -----
III	»	168 m²/m³ ········
IV	»	115 m²/m³ —·—·—
V	»	74 m²/m³ (fett)
VI	»	92 m²/m³ -•-•-•-

muß doch auch auf den ähnlichen Verlauf aller vier Wärmewertskurven hingewiesen werden, der sich trotz der unterschiedlichen Betriebsweisen der beiden Kläranlagen für die Dauer von zwei Jahren ergibt. Wie auf Grund der im Abschnitt 5 nachgewiesenen Zusammenhänge erwartet werden konnte, ergeben sich die kleinsten Wärmewerte für die kalten Wintermonate. Die günstigeren Temperaturverhältnisse im Frühjahr bewirken ein anfängliches Ansteigen der Werte, dem jedoch für die Monate April bis Juni ein Absinken folgt. Die warmen Sommermonate lassen jedoch den Wärmewert zu einem bereits im Juli eintretenden Höchstwert wieder emporschnellen, der dann mit geringen Schwankungen einige Monate anhält.

Zahlentafel 28.

Versuchsanlage Chikago-West.

Sewage Works Journal 1936, Nr. 6 — Sewage Works Journal 1938, Nr. 2

Tropfkörperhöhe H = 2,44 m — Benetzungsfläche F = 92 m²/m³

Höhenwert $H^{0,4}$ = 1,425 — Benetzungswert $F^{0,12}$ = 1,719.

Monat		Sauerstoffbedarf vorgekl. Rohwasser S_r	Sauerstoffbedarf biol. ger. Abwasser S_a	Sauerstoffzufuhr $Z = S_r - S_a$	Umsetzungsgrad U	Raumbelastung R	Flächenbelastung V	Belastungswert C_r	$\frac{Z}{U \cdot F^{0,12} H^{0,4}}$	Wärmewert C_t
		mg/l	mg/l	mg/l		$\frac{m^3}{Tg}/m^3$	$\frac{m^3}{Tg}/m^2$			
1935	Sept.	34,5	14,8	19,7	0,0060	8,79	21,448	0,2544	1,340	1,5944
	Okt.	44,8	18,6	26,2	0,0087	9,90	21,716	0,2596	1,230	1,4896
	Nov.	41,04	27,7	13,34	0,0077	8,81	21,496	0,2570	0,708	0,9650
	Dez.	62,1	35,6	26,5	0,0138	8,90	21,716	0,2596	0,785	1,0446
1936	Jan.	55,3	28,5	26,8	0,0118	8,90	21,716	0,2596	0,928	1,1876
	Feb.	74,5	43,9	30,6	0,0178	7,74	18,886	0,2392	0,701	0,9402
	März	30,9	16,3	14,6	0,0051	»	»	»	0,113	1,4017
	April	52,7	23,5	29,2	0,0110	»	»	»	1,080	1,3192
	Mai	49,3	27,2	22,1	0,0100	»	»	»	0,903	1,1422
	Juni	46,8	25,5	21,3	0,0092	»	»	»	0,939	1,1782
	Juli	34,7	17,2	17,5	0,0060	»	»	»	1,187	1,4262
	Aug.	28,1	13,3	14,8	0,0045	»	»	»	1,348	1,5872
	Sept.	26,6	12,3	14,3	0,0041	10,2	24,888	0,4060	1,415	1,8210
	Okt.	38,9	21,7	17,2	0,0071	»	»	»	0,992	1,3980
	Nov.	48,2	25,9	22,3	0,0096	»	»	»	0,944	1,3500
	Dez.	70,5	29,3	41,2	0,0165	»	»	»	1,020	1,4260
1937	Jan.	66,0	26,6	39,4	0,0151	»	»	»	1,064	1,4700
	Feb.	77,0	33,0	44,0	0,0187	»	»	»	0,961	1,3670
	März	80,0	26,0	54,0	0,0197	»	»	»	1,115	1,5210
	April	62,0	20,6	41,4	0,0138	»	»	»	1,224	1,6300
	Mai	64,0	29,2	34,8	0,0144	»	»	»	0,986	1,3925
	Juni	75,0	38,7	36,3	0,0181	10,3	25,132	0,4160	0,819	1,2350
	Juli	66,0	23,6	42,4	0,0151	11,48	28,011	0,5200	1,145	1,6650
	Aug.	52,0	27,6	24,4	0,0107	»	»	»	0,927	1,4475
	Sept.	62,0	26,6	35,4	0,0138	11,02	26,889	0,4790	1,048	1,5270
	Okt.	66,0	26,6	39,4	0,0151	8,81	21,496	0,3065	1,066	1,3725
	Nov.	88,0	43,4	44,6	0,0225	11,48	28,011	0,5200	0,810	1,3300
	Dez.	110,0	51,7	58,3	0,0305	»	»	»	0,780	1,3000
Mittel	1935/36	46,23	24,34	21,81	0,0091	8,206	20,00	0,2717	0,985	1,256
Mittel	1937/39	60,50	26,2	34,30	0,0133	10,420	25,42	0,4260	1,055	1,481
Mittel	1935/38	57,40	26,9	30,50	0,0123	9,510	23,20	0,3730	1,009	1,382

Auch die für die verschiedenen Monate der Versuchsanlage Ames [7] in Zahlentafel 29 berechneten und in Bild 28 für die Füllstoffe mit den verschiedenen großen Benetzungsflächen in Abhängigkeit von der Jahreszeit aufgetragenen Wärmewerte liefern durch ihre Übereinstimmung mit den obigen Ergebnissen eine weitere Bestätigung für den richtigen Aufbau der Gleichung für die Sauerstoffzufuhr. Für alle sechs Wärmewertskurven liegen die Tiefstwerte im Februar, während die Höchstwerte in geringer Abweichung von Bild 27 bereits im Juni erreicht und dann bei geringer Abnahme bis in die Wintermonate beibehalten werden.

Aus dem unterschiedlichen Verlauf der einzelnen Kurven für die verschiedenen Füllstoffe können auch noch wertvolle Hinweise für die zweckentsprechende Bemessung der Benetzungsflächen abgeleitet werden. Es zeigt sich nämlich, daß die Wärmewerte der Tropfkörper mit großer Benetzungsfläche geringeren Schwankungen unterworfen sind als die der Körper mit kleiner Benetzungsfläche. Dieses muß auf die natürliche Lüftung zurückgeführt werden, die durch das Temperaturgefälle bedingt ist (Abschnitt 5b). Die großen Raschigringe mit kleiner Benetzungsfläche lassen infolge ihrer großen Hohlräume die Luft ungehindert durch die Körper streichen, wodurch die biologischen Organismen während der wärmeren Jahreszeiten eine erhöhte Tätigkeit entfalten können. In den kalten Monaten werden sie dagegen durch die Auskühlung des Körpers in ihrer Arbeitsleistung sehr behindert. Mit größer werdender Benetzungsfläche der Füllstoffe werden bekanntlich die einzelnen Hohlräume kleiner. Es wachsen daher gleichzeitig die Widerstände gegen das Durchstreichen der Luft. Die biologischen Organismen sind demzufolge in ihrer Tätigkeit in erster Linie von der gleichmäßigen Abwassertemperatur abhängig und nicht, wie oben, von der stark wechselnden Luftwärme. Außerdem wird auch auf den großen Benetzungsflächen eine große Menge an Schlamm im Körper zurückgehalten,

Bild 29. Hochleistungsstropfkörper der Kläranlage Hilversum-Liebergerheide.
Die großen Lüftungsöffnungen an der Sohle werden im Winter durch Holztafeln teilweise verhängt.

Zahlentafel 29.

Versuchsanlage Ames.

Sewage Works Journal 1936 Nr. 5.

	I	II	III	IV	V	VI	
Benetzungsfläche F =	80	249	168	115	74	92	m²/m³
Benetzungswert $F^{0,12}$ =	1,692	1,938	1,850	1,766	1,674	1,714	

Tropfkörperhöhe $H = 1{,}83$ m Höhenwert $H^{0,4} = 1{,}275$

Betriebszeit	Aug.-Nov. 1934	Dez.-März 1934/35	Apr.-Juni 1935	Aug.-Okt. 1935	
Raumbelastung	1,021	2,042	4.084	8,168	$\frac{m^3}{Tg}/m^3$
Flächenbelastung	1,868	3.737	7,474	14,947	$\frac{m^3}{Tg}/m^2$
Belastungswert C_r	0,061	0,080	0,117	0,230	

Betriebszeit	BSB_5 des vorgekl. Rohwassers	Umsetzungsgrad		Sauerstoffzufuhr Z in mg/l und Wärmewert C_t für die Benetzungsflächen I	II	III	IV	V	VI
Aug. — Sept. 1934	168	0,0533	Z	144,7	156,2	148,5	142,8	147.3	141,7
			C_t	1,316	1,246	1,241	1,251	1,355	1,272
Oktober	218	0,0738	Z	195,2	205,3	203,4	192,7	196,2	200,8
			C_t	1,288	1,190	1,227	1,221	1,308	1,305
November	197	0,0650	Z	169,8	185,4	180,7	173,0	170,8	175,7
			C_t	1,277	1,214	1,241	1,244	1,291	1,296
Dezember	157	0,0490	Z	122,5	123,7	111,3	129,2	130,5	113,4
			C_t	1,239	1,302	1,043	1,252	1,326	1,134
Februar 1935	219	0,0739	Z	139,4	173,0	158,7	135,9	124,5	139,4
			C_t	0,954	1,028	0,992	0,899	0,861	0,941
März	180	0,0583	Z	129,7	152,8	153,1	141,7	126,8	142,5
			C_t	1,110	1,140	1,192	1,160	1,098	1,194
April	200	0,0665	Z	139,1	152,5	153,9	149,4	169,2	166,5
			C_t	1,087	1,045	1,098	1,115	1,307	1,250
Mai	221,5	0,0747	Z	174,3	175,6	178,3	177,8	182,1	182,0
			C_t	1,197	1,067	1,127	1,173	1,258	1,228
Juni	128,0	0,0375	Z	104,9	112,7	112,5	106,3	109,0	106,6
			C_t	1,414	1,332	1,387	1,375	1,481	1,415
August	202,0	0,0670	Z	141,8	165,9	170,4	147,4	145,8	139,8
			C_t	1,210	1,230	1,308	1,205	1,249	1,180
September	314,0	0,1132	Z	256,8	292,6	290,7	281,0	263,4	270,1
			C_t	1,280	1,275	1,316	1,330	1,320	1,319
Oktober	198	0,0653	Z	161,3	180,8	178,8	177,3	169,9	172,4
			C_t	1,375	1,350	1,390	1,435	1,450	1,436

die infolge ihrer aeroben, wärmespendenden Zersetzung die Organismen im Winter vor einer allzu großen Abkühlung schützt. Dieser Abkühlungsschutz muß jedoch im Sommer durch einen geringen Rückgang der Leistung infolge eines erhöhten Verschlammungsgrades erkauft werden.

In Ländern mit tiefen Wintertemperaturen sollten daher Tropfkörper mit feineren Füllstoffen verwendet werden als in den gemäßigteren Zonen. Außerdem empfiehlt es sich, die Öffnungen der Bodenlüftung abschließbar auszugestalten, um den sich im Winter infolge des großen Temperaturgefälles einstellenden starken Luftstrom auf das zweckmäßige Maß drosseln zu können. So werden die auf der Kläranlage Hilversum ausgeführten Öffnungen der Bodenlüftung (Bild 29) im Winter teilweise durch Holztafeln verhängt. Bei dem Tropfkörper des Sanatoriums Heliomare (Bild 30) können die Öffnungen im Winter auf sehr einfache Weise durch Einsetzen von Backsteinen gedrosselt werden (Bild 30).

Die Gültigkeit der Gleichung für die Sauerstoffzufuhr beschränkt sich aber nicht nur allein auf rein häusliche Abwässer, sondern sie erstreckt sich zufolge der Auswertung der Betriebsergebnisse der Anlagen in Midland [13] und in Winterswijk [33] auch auf Abwässer der chemischen Industrie mit ziemlich hohem Phenol- und Kochsalzgehalt, bzw. auf die von Textilfabriken und Färbereien. Wie nun aus den nachfolgenden Zahlentafeln hervorgeht, läßt sich die Leistung der Tropfkörper auch bei der Reinigung der Abwässer anderer Industriezweige mit Hilfe der Gleichung für die Sauerstoffzufuhr erfassen.

In Zahlentafel 30 sind die Betriebsergebnisse der Versuchsanlage der Zuckerfabrik Colwick [16] ausgewertet worden, in der das Abwasser der Rübenwäsche und Diffu-

Bild 30. Hochleistungstropfkörper der Kläranlage des Sanatoriums »Heliomare«.
Die kleinen Lüftungsöffnungen an der Tropfkörpersohle können im Winter leicht durch Einsetzen von Backsteinen gedrosselt werden.

Zahlentafel 30.

Versuchsanlage für die Reinigung von Abwässern der Zuckerfabrik Colwick [16].

Höhe der Tropfkörper $H = 1{,}83$ m Höhenwert $H^{0,4} = 1{,}275$

Campagne	Periode	1928/29				1929/30	
Tropfkärper		I	II	III	IV	V	VI
Benetzungsfläche F m²/m³		222	413	1850	1260	845	1410
Benetzungswert $F^{0,12}$		1,912	2,068	2,450	2,357	2,246	2,390
Sauerstoffbedarf des vorgeklärten Abwassers in mg/l S_r	1	473				600	
	2	610				470,5	
	3	590				530	
	4	592					
Sauerstoffbedarf des gereinigten Abwassers in mg/l S_a	1	167	107	80	40	144	156
	2	235	133	211	108	158	226
	3	154	94	187	115	265	321
	4	83	89	182	113		
Sauerstoffzufuhr in mg/l $Z = S_r - S_a$	1	306	366	393	433	456	444
	2	375	477	399	502	311,5	243
	3	446	496	403	475	265	209
	4	509	503	410	479		
Umsetzungsgrad U	1	0,168				0,196	
	2	0,1975				0,1675	
	3	0,194				0,182	
	4	0,195					
Raumbelastung $\frac{m^3}{Tg}/m^3$	1	0,594	0,594	0,594	0,594	0,712	0,712
	2	»	»	0,890	0,890	0,890	0,890
	3	»	»	0,594	0,594	0,712	0,712
	4	»	»	»	»		
Belastungswert C_r	1	0,0525	0,0525	0,0525	0,0525	0,0550	0,0550
	2	»	»	0,0587	0,0587	0,0587	0,0587
	3	»	»	0,0525	0,0525	0,0550	0,0550
	4	»	»	»	»		
$Z : U \cdot F^{0,12} H^{0,4}$	1	0,746	0,825	0,750	0,858	0,81	0,743
	2	0,780	0,915	0,646	0,846	0,649	0,476
	3	0,943	0,968	0,665	0,815	0,509	0,377
	4	1,070	0,976	0,671	0,817		
Wärmewert $C_t = C_r + \frac{Z}{U \cdot F^{0,12} H^{0,4}}$	1	0,798	0,877	0,802	0,910	0,865	0,798
	2	0,832	0,967	0,704	0,904	0,707	0,531
	3	0,995	1,020	0,717	0,867	0,564	0,432
	4	1,122	1,028	0,723	0,869		

sionsbatterien mit Hilfe von Tropfkörpern gereinigt wurde. Sie sind aus Füllstoffen mit verschieden feiner Körnung hergestellt und haben, wie aus den Betriebsberichten [16] hervorgeht, eine sehr schlecht ausgebildete Bodenlüftung, die sich während der ersten Versuchsdauer 1928/29 mit Schlamm gefüllt hatte. Infolge der geringen Raumbelastung von 0,6 bis 0,9 $\frac{m^3}{Tg}/m^3$ muß sich bei der großen Verschmutzung der Abwässer eine starke Verschlammung der Tropfkörper ergeben, die bei den feinkörnigen Füllstoffen noch deutlicher in Erscheinung tritt als bei den gröberen Stoffen. Der hohe Verschlammungsgrad und die geringe Luftzufuhr durch die schlecht ausgebildete Bodenlüftung müssen auf Grund der in Abschnitt 5c nachgewiesenen Zusammenhänge zu einem Leistungsrückgang der Tropfkörper und damit auch zu einer Ermäßigung der für eine Abwassertemperatur von 20° C normalen Wärmewerte von 1,4 bis 2,0 auf 0,402 bis 1,122 führen. Die Zunahme der Wärmewerte mit der Betriebszeit bei den Tropfkörpern I und II aus groben Füllstoffen und die Abnahme derselben bei den Körpern III bis VI mit großer Benetzungsfläche bestätigen ebenfalls den oben angedeuteten ungünstigen Einfluß der Verschlammung und schlechten Lüftung auf die Größe der Wärmewerte.

Bei richtiger Ausbildung der Tropfkörper hinsichtlich der Bodenlüftung und Wahl einer der Abwasserverschmutzung entsprechenden Korngröße für die Füllstoffe können auch bei der Reinigung von Zuckerfabriksabwässern die normalen Wärmewerte erwartet werden. In diesem Zusammenhang muß auch noch darauf hingewiesen werden, daß die leicht sauer werdenden Abwässer der Zuckerfabriken beim Durchfließen der Tropfkörper weitgehendst neutralisiert werden. Durch diese Tatsache gewinnt die Verwendung der Tropfkörper für die biologische Reinigung der Abwässer mit hohem Zucker-, Glukose- oder Milchzuckergehalt besondere Bedeutung.

Die neutralisierende Kraft der Tropfkörper wurde auch in der Versuchsanlage für die Reinigung der Brauereiabwässer der Gulf-Brewing Company [34] festgestellt, deren Betriebsergebnisse in Zahlentafel 31 ausgewertet sind. Da das zu reinigende Abwasser eine Temperatur von 14° C hat, sollte der Wärmewert je nach dem Temperaturgefälle nach Bild 26 zwischen 0,7 und 1,75 liegen. Bei der einstufig betriebenen Anlage fügen sich diese mit $C_t = 0{,}629$ bis 1,170, im Mittel 0,900, sehr gut in die angegebenen Grenzen ein. Der zweistufige Betrieb der Anlage brachte bei der gleichen Abwassertemperatur eine Steigerung des Wärmewertes auf $C_t = 0{,}603$ bis 1,806, im Mittel 1,06. Dieses kann entweder auf ein günstigeres Temperaturgefälle oder auf eine Verringerung des Verschlammungsgrades infolge einer Erhöhung der Flächenbelastung zurückgeführt werden.

Die normale Leistung des Tropfkörpers wurde, wie aus Zahlentafel 32 hervorgeht, auch bei der biologischen Reinigung von Molkereiabwasser in Wellington gefunden. Hier hat sich ebenfalls als bemerkenswertestes Kennzeichen für den Tropfkörper seine neutralisierende Eigenschaft bei der Reinigung leicht sauer werdender Abwässer bestätigt. Bei Versuch 1 liegen die Wärmewerte entsprechend der Abwassertemperatur von 26° C mit 1,765 bis 1,985 zwischen den Normalwerten des Bildes 26 von 1,116 bis 2,80. Bei den übrigen Versuchen wurden die hohen Werte nicht mehr erreicht. Dieses ist auf eine Temperaturabnahme des Abwassers (s. Zahlentafel 20) und auf die starke Verschlammung der Tropfkörper, auf die bereits im Abschnitt 5c hingewiesen wurde, zurückzuführen.

Zum Schluß ist die Gleichung für die Sauerstoffzufuhr auch noch an dem von Dr. Schreiber [12] entwickelten Umwälztropfkörper nachgeprüft worden. Wie aus den in Zahlen-

Zahlentafel 31.

Versuchsanlage für die Reinigung des Abwassers der Gulf Brewing Co. Houston, Texas.

Sewage Works Journal 1939, Nr. 2.

Höhe der Tropfkörper $H = 1{,}83$ m Höhenwert $H^{0,4} = 1{,}275$

Tropfkörper	I	II
Benetzungsfläche F	90 m²/m³	160 m²/m³
Benetzungswert $F^{0,12}$	1,717	1,839.

	Sauerstoffbedarf vorgekl. Rohwasser S_r	Sauerstoffbedarf gerein. Abwasser S_a	Sauerstoffzufuhr $Z = S_r - S_a$	Umsetzungsgrad U	Raumbelastung R	Belastungswert C_r	$\frac{Z}{U \cdot F^{0,12} H^{0,4}}$	Wärmewert C_t
	mg/l	mg/l	mg/l		$\frac{m^3}{Tg}/m^3$			
Tropfkörper I	1025	660	365	0,1450	1,55	0,0712	1,149	1,220
	720	509	211	0,2050	1,27	0,0658	0,474	0,539
	750	464	286	0,2060	1,05	0,0618	0,635	0,697
	585	235	350	0,1925	1,22	0,0648	0,830	0,895
	560	104	456	0,1880	1,26	0,0655	1,105	1,170
	835	520	315	0,1975	1,25	0,0650	0,728	0,793
	575	251	324	0,1915	1,16	0,0640	0,775	0,839
Tropfkörper II	1025	690	335	0,1450	1,27	0,0658	0,982	1,048
	720	399	321	0,2050	1,19	0,0638.	0,668	0,732
	750	474	276	0,2060	0,95	0,0593	0,570	0,629
	585	241	344	0,1925	1,09	0,0625	0,761	0,823
	560	82	478	0,1880	1,20	0,0645	1,080	1,144
	835	390	445	0,1975	1,09	0,0625	0,960	1,022
	575	160	415	0,1915	0,93	0,0592	0,922	0,982
Tropfkörper I und II hintereinandergeschaltet.	655	144	511	0,2020	0,92	0,0214	0,850	0,871
	755	80	675	0,2045	0,77	0,0197	1,105	1,125
$H = 3{,}66$ m	570	40	530	0,1930	0,81	0,0201	0,920	0,940
$H^{0,4} = 1{,}67$	742	223	519	0,2070	0,84	0,0205	0,840	0,860
$F = \frac{160 + 90}{2} = 125$ m²/m³	810	465	345	0,2010	1,64	0,0285	0,575	0,603
	815	320	495	0,2000	1,57	0,0272	0,830	0,857
$F^{0,12} = 1{,}788$	732	61	671	0,2055	1,32	0,0252	1,096	1,121
	965	95	870	0,1633	0,89	0,0211	1,785	1,806
	838	56	782	0,1970	0,62	0,0181	1,329	1,347

Zahlentafel 32.

Versuchsanlage für die Reinigung von Molkereiabwasser in Wellington.

Sewage Works Journal 1938, Nr. 5.

Höhe der Tropfkörper H = 1,83 m Höhenwert $H^{0,4} = 1,275$

Tropfkörper	A	B
Benetzungsfläche	92	82 m²/m³
Benetzungswert	1,719	1,696

Versuch Nr.	Tropfkörper	Sauerstoffbedarf vorgekl. Abwasser S_r	Sauerstoffbedarf gerein. Abwasser S_a	Sauerstoffzufuhr $Z = S_r - S_a$	Umsetzungsgrad U	Raumbelastung R	Belastungswert C_r	$\frac{Z}{U \cdot F^{0,12}\, H^{0,4}}$	Wärmewert C_t
		mg/l	mg/l	mg/l		$\frac{m^3}{Tg}/m^3$			
1	A	1100	670	430	0,1260	13,23	0,425	1.56	1,985
		»	716	384	»	12,20	0,375	1,39	1,765
	B	»	711	399	»	14,23	0,475	1,47	1,945
2		»	700	400	»	11,18	0,331	1,48	1,811
	A	801	612	189	0,202	9,15	0,255	0,427	0,682
		»	614	187	»	»	»	0,423	0,678
	B	»	633	168	»	8,12	0,225	0,376	0,601
		»	602	199	»	»	»	0,455	0,680
3	A	634	367	267	0,200	11,18	0,331	0,610	0,941
	B	»	365	269	»	10,17	0,292	0,622	0,914
4a	B	»	351	283	»	8,12	0,225	0,655	0,860
4b	A	351	235	116	»	»	»	0,416	0,641
5a	B	827	481	346	0,1985	8,12	0,225	0,805	1,030
6a	B	878	692	186	0,1900	17,28	0,612	0,453	1.065
7a	A	892	520	372	0,1865	9,15	0,255	0,908	1,163
8a	A	1058	790	268	0,1382	9,15	0,255	0,885	1,140
5b	B	481	306	175	0,1700	8,12	0,225	0,476	0,701
6b	B	692	560	132	0,2050	17,28	0,612	0,298	0,910
7b	B	520	378	142	0,1800	9,15	0.255	0,364	0,619
8b	B	790	518	272	0,2040	9,15	0,255	0,615	0,870
5c	A	306	100	206	0,10	8,12	0,225		
6c	A	560	364	196	0,1880	17,28	0,612	0,475	1,087
7c	B	378	239	139	0,1375	9,15	0,255	0,460	0,715
8c	B	518	408	210	0,1790	9,15	0,255	0,536	0,791

Bemerkung: Das Abwasser ist bei den Versuchen 1—3 einstufig, bei Versuch 4 zweistufig, und bei den Versuchen 5—8 dreistufig gereinigt. Der Index *a* entspricht der ersten, *b* der zweiten und *c* der dritten Stufe.

Zahlentafel 33.

Umwälztropfkörper nach Dr. Schreiber [12].

Versuchskörper	I	II
Inhalt m³	0,107	11,5
Höhe H in m	0,75	4,25
Höhenwert $H^{0.4}$	1,245	1,78
Benetzungsfläche F in m²/m³	1675	810
Benetzungswert $F^{0.12}$	2,439	2,235
Sauerstoffbedarf des vorgekl. Abwasser S_r	200	200 mg/l

Untersuchungszeit	Juni 1939	Juli 1939	Aug. 1939	Nov. 1939 bis Febr. 1940	Febr. 1940 März 1940
Sauerstoffbedarf des gerein. Abwassers S_a in mg/l	19	12	12	10	17
Sauerstoffzufuhr $Z = S_r - S_a$ in mg/l	181	188	188	190	183
Umsetzungsgrad U		0,0663		0,0663	
$Z : U \cdot F^{0.12}\, H^{0.4}$	0,875	0,908	0,908	0,723	0,686
Raumbelastung $R \frac{m^3}{Tg}/m^3$	10	15	20	12	8
Flächenbelastung $V \frac{m^3}{Tg}/m^2$	17,5	25 28	35	51,0	34,0
Umwälzzeit der Tropfkörper in Tagen	12—18	4—5	2—3	2—3	2—3
Belastungswert Multiplikator ϱ		0,052		0,0103	
$V^{0.25} + \left(\frac{V}{9}\right)^{\prime\prime}$	5,2	5,9*)	6,2*)	47,0*)	20*)
$C_r = \varrho \left(V^{0.25} + \left(\frac{V}{9}\right)^{\prime\prime}\right)$	0,27	0,305	0,322	0,474	0,206
$C_t = Z : H \cdot F^{0.12}\, H^{0.4} + C_r$	1.145	1.213	1,230	1,197	0,892
Temperatur des Abwassers °C	17,5	20	20	12,5	8,5
Wärmewert nach Abb. 26 bei einem Temperaturgefälle von 0,8 °C von 2,0 °C	1,15	1,23	1,23	1,20	0,90

*) Bei der Berechnung dieser Werte wurde der Exponent H um die täglich umgewälzte Füllstoffhöhe vermindert. Bei der Umwälzzeit von 4 Tagen ist der Exsponent $H - \frac{1}{4} H = 0,75\, H$.

tafel 33 durchgeführten Berechnungen hervorgeht, kann sie ohne Veränderung für die Ermittlung der Beziehung $Z: U \cdot F^{0,12}\, H^{0,4}$ verwendet werden. Die aus den Betriebsergebnissen bestimmten Werte liegen entsprechend der Abwassertemperatur und den verschiedenen Raumbelastungen der Körper *I* und *II* etwa um 20 bis 30% unter dem des Tropfkörpers nach Halverson der Anlage Stahnsdorf [19]. Dieser Rückgang wird sehr wahrscheinlich darauf zurückgeführt werden müssen, daß infolge der Füllstoffumwälzung ein Teil der Körperhöhe nicht für die biologische Reinigung des Abwassers herangezogen wird. Es kann aber auch, daran liegen, daß die biologischen Organismen durch die Beförderung der Füllstoffe in ihrer Tätigkeit beeinträchtigt werden, worauf von anderer Seite [12] bereits hingewiesen wurde. Inwieweit beide Faktoren in diesem Falle zusammenwirken, kann auf Grund der wenigen Betriebsergebnisse noch nicht gesagt werden.

Bei der Berechnung des Belastungswertes kann der Multiplikator ϱ nach Gleichung (25) für die volle Tropfkörperhöhe ermittelt werden. Es ist dagegen erforderlich, an dem Exponent *H* des Einflusses der Flächenbelastung $V^{0,25} + \left(\frac{V}{9}\right)^{H}$ eine durch die Umwälzzeit bedingte Verbesserung anzubringen. Infolge der Umwälzung der Füllstoffe kann selbstverständlich nur der Teil der Körperhöhe einen nachteiligen Einfluß auf die Leistung der Tropfkörperhöhe ausüben, der mehr als einen Tag aktiv an der Abwasserreinigung beteiligt ist. Wird also der Körper in *n* Tagen umgewälzt, so ermäßigt sich der Exponent um $\frac{1}{n} H$ oder auf $\frac{n-1}{n} H$. Aus dieser Beziehung geht hervor, daß lange Umwälzzeiten von 10 bis 12 Tagen nur einen sehr geringen günstigen Einfluß auf die Verminderung der Verschlammungsgefahr der Körper haben und demzufolge auch nur in geringem Umfang eine Belastungssteigerung zulassen. Bei kurzen Umwälzzeiten können dagegen die Belastungswerte zufolge der Ergebnisse der Zahlentafel 33 selbst bei hohen Tropfkörpern und sehr großen Raumbelastungen noch in zulässigen Grenzen gehalten werden. Die auf diese Weise errechneten Wärmewerte stimmen sehr gut mit denen überein, die sich nach Bild 26 für Temperaturgefälle von 0,8 bzw. 2,0 °C ergeben. Dieses weist darauf hin, daß bei zweckentsprechender Ausführung der künstlichen Lüftung noch bessere Ergebnisse mit dem Umwälztropfkörper erzielt werden können.

Wenn auch die Nachprüfung der Gleichung (41) für die vom Tropfkörper erreichbare Sauerstoffzufuhr den nach Abschnitt 5c zu erwartenden Einfluß des Verschlammungsgrades auf die Größenordnung des Wärmewertes noch in besonderer Weise betont hat und die Notwendigkeit der Anbringung einer kleinen Veränderung der Beziehung für den Belastungswert bei Umwälztropfkörpern brachte, so wurde doch auch durch die übereinstimmenden Auswertungsergebnisse der Zahlentafeln 26 bis 33 für die verschiedensten Bauarten und Betriebsweisen der Tropfkörper und für alle organisch verschmutzten Abwässer mit Sauerstoffbedarfswerten von 27 bis 1100 mg/l die allgemeine Gültigkeit dieser Gleichung unter Beweis gestellt.

7. Nachprüfung eines Entwurfes für eine biologische Reinigungsanlage mit Spültropfkörpern.

a) Entwurfsunterlagen.

Die Mischkanalisation eines Ortes von 40000 Einwohnern nimmt außer dem Abwasser und Regenwasser auch zwei kleine Bachläufe mit einem gemeinsamen Abfluß von 104 l/s auf. Diese sollen jedoch durch späteren Umbau der Kanäle unmittelbar in den Vorfluter abgeleitet werden. Da der Wasserverbrauch 200 l/Kopf/Tag beträgt, errechnen sich die in der Reinigungsanlage zu behandelnden Abwassermengen wie folgt:

	jetzt	später	
Trockenwetterabfluß			
TWA	8000+9000=17000	8000	m^3/Tag
max. TWA	950	575	m^3/h
Regenwasserabfluß RWA	1440	1440	m^3/h
Verschmutzung als BSB5			
im Mittel roh	125	275	mg/l
vorgeklärt	85	175	»
max. roh	155	330	»
vorgeklärt	115	245	»
bei RWA vorgeklärt	60	60	»

Die mittleren Temperaturverhältnisse sind in der nachfolgenden Zahlentafel zusammengestellt:

Jahreszeit	Temperatur der Luft	Temperatur des Abwassers
April bis Mai	7° C	12° C
Juni bis Juli	15° C	17° C
Aug. bis Sept.	17° C	20° C
Okt. bis Nov.	7° C	15° C
Dez. bis Jan.	— 5 bis 0° C	12° C
Febr. bis März	—10 bis 0° C	8° C

b) Aufbau der biologischen Reinigungsanlage.

Die Reinigungsanlage setzt sich aus folgenden Einzelbauwerken zusammen:

1. Dem automatisch gereinigten Rechen mit Rechengutzerkleinerer,
2. dem Sandfang mit maschineller Ausräumung und Sandwaschung,
3. der als Flockungsklärbecken ausgebildeten Vorklärung,
4. den beiden Tropfkörpern von 27,5 m Dmr. und 3,0 m Füllstoffhöhe.

Die Körnung der Füllstoffe wurde wie folgt gewählt:

Bodenschicht	0,4 m hoch	7 bis 12 cm
Mittelschicht	2,2 » »	5 » 7 »
Deckschicht	0,4 » »	2 » 5 »

Die Tropfkörper werden während der Zeit der Einleitung des Bachwassers in das Entwässerungsnetz als normale Durchlaufkörper betrieben, da die Flächenbelastung zur Erzielung einer guten Spülwirkung ausreicht, und da sich infolge der nächtlichen Befeuchtung der Körperoberfläche mit Bachwasser keine Geruchs- und Fliegenplage entwickeln kann. Nach erfolgtem Umbau der Kanalisation ist es jedoch erforderlich, die Tropfkörperanlage im Kreislauf zu betreiben, d. h. gereinigtes Abwasser zu zirkulieren, um eine ausreichende Spülwirkung und eine ständige Befeuchtung zu erzielen. Es werden dann zwei Zentrifugalpumpen mit einer Leistung von 105 l/s bei 5,00 m Förderhöhe für die Rückführung des biologisch gereinigten Abwassers eingebaut.

5. Der Nachklärung, die ebenfalls als Flockungsklärbecken ausgebildet ist,
6. der Schlammbehandlungsanlage.

c) Nachprüfung der Leistung der Tropfkörper.

Es soll nachgeprüft werden, in welchen Grenzen die gegenwärtig und später zu erwartende Verschmutzung des gereinigten Abwassers während der verschiedenen Jahreszeiten schwankt. Die Benetzungsfläche errechnet sich nach Abschnitt 2 zu 100 m^2/m^3 und der Benetzungswert zu 1,738 (Bild 11).

Für die Füllstoffhöhe von $H = 3{,}0$ m ergibt sich nach Bild 13 ein Höhenwert von 1,54.

Die Umsetzungsgrade sind mit Hilfe von Bild 5 bestimmt:

im Mittel . . $U = 0{,}0215$ (für die jetzigen Verhältnisse)
maximal . . $U = 0{,}0320$
RWA . . . . $U = 0{,}0130$

Bei einer vorgesehenen Füllstoffmenge von 3600 m^3 ergeben sich die folgenden Belastungsverhältnisse:

		im Mittel	maximal
Raumbelastung	TWA	4,72	6,35 $\frac{m^3}{Tg}/m^3$
	RWA	—	9,70 »
Flächenbelastung	TWA	14,16	19,05 $\frac{m^3}{Tg}/m^2$
	RWA	—	29,10 »
Belastungswerte	TWA $C_r =$	0,119	0,233
	RWA $C_r =$	—	0,715

Die Wärmewerte sind für die angegebenen Temperaturverhältnisse aus Bild 26 abgelesen.

April bis Mai $C_t = 1{,}57$ — Okt. bis Nov. $C_t = 1{,}60$
Juni bis Juli $C_t = 1{,}50$ — Dez. bis Jan. $C_t = 1{,}50$
Aug. bis Sept. $C_t = 1{,}97$ — Febr. bis März $C_t = 0{,}85$

In der nachfolgenden Zahlentafel sind dann die Sauerstoffzufuhrwerte, sowie die Sauerstoffsbedarfswerte des Ablaufes für die verschiedenen Belastungsverhältnisse und Jahreszeiten berechnet:

Jahreszeit	April Mai	Juni Juli	Aug. Sept.	Okt. Nov.	Dez. Jan.	Febr. März
Wärmewert C_t	1,57	1,50	1,97	1,60	1,50	0,85
TWA Mittel C_r	0,119					
$C_t - C_r$	1,451	1,381	1,851	1,481	1,381	0,731
$Z = U \cdot H^{0,4} F^{0,12} (C_t - C_r)$	83	79	107	87	79	42 mg/l
$S_a = S_r - Z$	2	6	—	—	6	43 »
TWA max. C_r	0,233					
$C_t - C_r$	1,337	1,267	1,737	1,367	1,267	0,617
$Z = U \cdot H^{0,4} F^{0,12} (C_t - C_r)$	114	109	159	127	109	53 mg/l
$S_a = S_r - Z$	1	6	—	—	6	62 »
RWA C_r	0,715					
$C_t - C_r$	0,855	0,785	1,255	0,885	0,785	0,135
$Z = U \cdot H^{0,4} F^{0,12} (C_t - C_r)$	30	27	44	31	27	5
$S_a = S_r - Z$	30	33	16	29	33	55

In den Sommer- und Herbstmonaten können die Tropfkörper noch stärker als vorgesehen, belastet werden. In den Wintermonaten Febr. bis März ist dieses jedoch nicht möglich. Wenn auch der Ablauf noch die Fäulnisprobe mit Methylenblau bestehen wird, so liegt die Verschmutzung doch an der oberen Grenze des noch zulässigen.

Späterhin werden sich die Verhältnisse noch bessern, da die Belastungswerte infolge der Rückführung des ge-

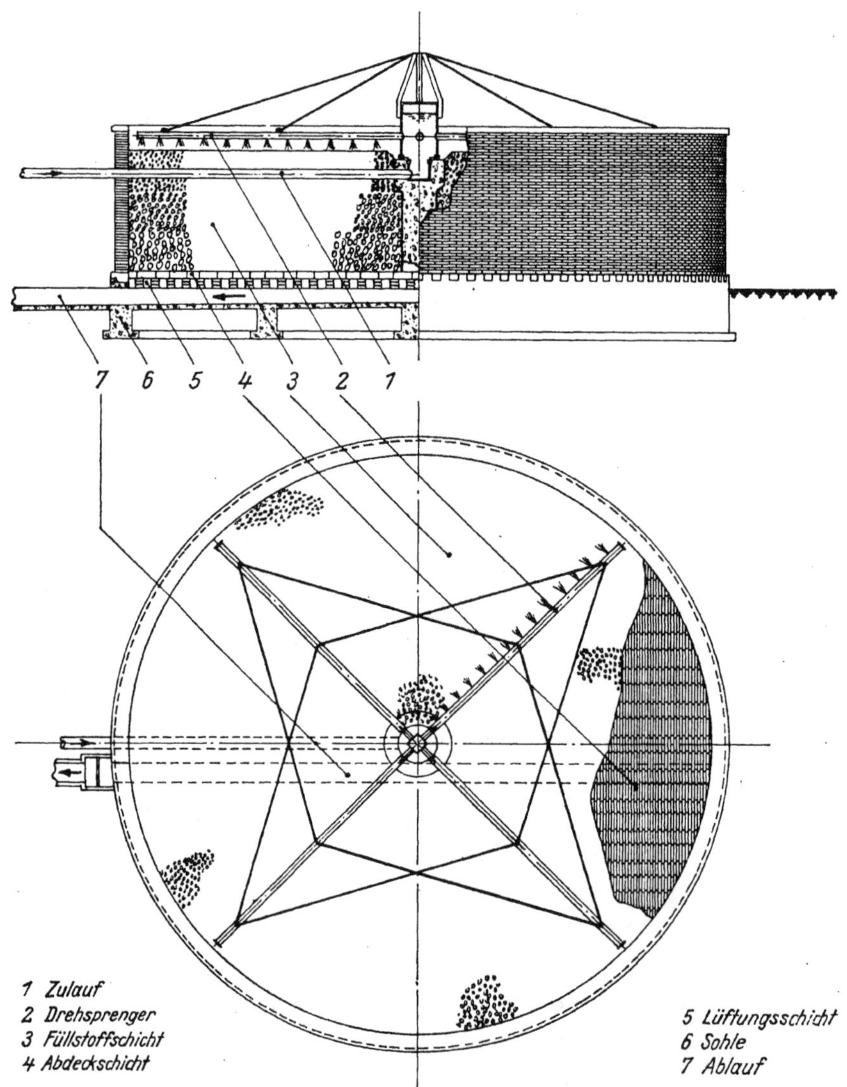

Bild 31. Spültropfkörper.

reinigten Abwassers abnehmen. Das Rückführungsverhältnis beträgt für den mittleren TWA $m = 2{,}13$ und für den maximalen TWA $m = 1{,}66$.

Die Belastungswerte verringern sich daher auf die folgenden Werte:

mittlerer TWA 0,0465
max. TWA . . . . 0,1180.

Die Umsetzungsgrade ändern sich nicht, da das gegenwärtige Verdünnungsverhältnis durch die Anwendung der Rückführung gereinigten Abwassers nicht verändert wird. Bei Regenwetter werden die Zirkulationspumpen abgeschaltet. Die oben errechneten Werte haben daher auch noch ihre Gültigkeit. Die später zu erwartende Leistung der Tropfkörper ist für den TWA noch in der folgenden Zahlentafel berechnet worden:

Jahreszeit	April Mai	Juni Juli	Aug. Sept.	Okt. Nov.	Dez. Jan.	Febr. März
Wärmewert C_t	1,57	1,50	1,97	1,60	1,50	0,85
TWA Mittel C_r	0,0465					
$C_t - C_r$	1,523	1,453	1,923	1,553	1,453	0,803
$Z = U \cdot H^{0,4} F^{0,12} (C_t - C_r)$	88	84	111	90	84	46 mg/l
$S_a = S_r - Z$	—	1	—	—	1	39 »
TWA max. C_r	0,118					
$C_t = C_r$	1,452	1,382	1,852	1,482	1,382	0,732
$Z = U \cdot H^{0,4} F^{0,12} (C_t - C_r)$	125	119	159	127	119	63 mg/l
$S_a = S_r - Z$	—	—	—	—	—	52 »

Die Tropfkörper sind für die Wintermonate ausreichend. In den Sommermonaten wird das Abwasser sehr weit gereinigt, so daß während dieser Zeit Tropfkörper von geringerer Höhe verwendet werden könnten. Mit Rücksicht auf die Winterverhältnisse werden jedoch die vorgesehenen Abmessungen der Körper beibehalten.

Schluß.

Durch die rechnerische Erfassung der biologischen Leistungsfähigkeit der Tropfkörper nach Gleichung (41) ist nunmehr auch der Weg für die Ableitung von exakten Entwurfsformeln für die wirtschaftlichsten Abmessungen der Körper frei gemacht. Das Ziel kann durch die Gleichsetzung der äußeren Belastung des Tropfkörpers, die durch die Zufuhr der Abwässer mit einer bestimmten Verschmutzung entsteht, mit seiner inneren biologischen Leistungsfähigkeit erreicht werden. Die Lösung dieser Aufgabe ist jedoch einer besonderen Arbeit vorbehalten.

Auf die konstruktive Durchbildung der Tropfkörper braucht hier ebenfalls nicht näher eingegangen zu werden, da dieses außerhalb des Rahmens dieser Arbeit liegt. Der Vollständigkeit halber ist lediglich auf die wichtigsten Kennzeichen einer offenen hochbelasteten Tropfkörperanlage (Bild 31) hingewiesen.

Über der befestigten Körpersohle ist die Lüftungsschicht für die Ableitung des Abwassers und die Zu- oder Ableitung der Luft vorgesehen. Auf der porösen Abdeckung dieser Schicht werden die Füllstoffe aufgestapelt. Die Umfassungswände können bei richtiger Konstruktion der Lüftungsschicht vollwandig, d. h. ohne zusätzliche Lüftungsöffnungen, ausgebildet werden. Es hat sich auch als zweckmäßig erwiesen, diese zum Schutz der Drehbewegung der Drehsprenger 0,5 bis 0,6 m höher als die Füllstoffschicht zu machen.

Die zu den Tropfkörperanlagen als wesentliche Bestandteile gehörenden Vor- und Nachklärbecken können auf die bekannte Weise für die Durchflußzeiten von 1,5 bis 2,0 h bei einer Oberflächenbelastung von 0,8 bis 1,2 $m^3/m^2/h$ bemessen werden. Bei Anwendung des Flockungsklärbeckens nach Bild 3 kann die Oberflächenbelastung auf 1,6 bis 2,0 $m^3/m^2/h$ erhöht werden, wenn die oben angegebenen Durchflußzeiten auf die Flockungs- und Absetzzonen des Beckens verteilt werden.

Die Zusammenfassung der verschiedensten Abhängigkeiten, die die Leistung der im Tropfkörper sich ansiedelnden biologischen Organismen bestimmen, wird sicher von dem entwerfenden Ingenieur begrüßt werden, da ihm dadurch eine exakte Nachprüfung des aufgestellten Entwurfes ermöglicht wird. Der Betriebsingenieur wird sicher Gelegenheit haben, die festgelegten Zusammenhänge durch genaue Beobachtungen an den sich in Betrieb befindlichen Anlagen zu erweitern, vertiefen und damit auch weitere Bestätigungen ihrer Richtigkeit liefern. Und doch darf nicht vergessen werden, daß es sich hierbei um die Erfassung von Vorgängen in dem Reich des Lebendigen handelt, dem bei der harmonischen Abstimmung aller gesetzmäßigen Verkettungen doch das Wunder eigenwilligen Lebens anhaftet, das in seinen letzten Tiefen kaum durch Formeln erfaßt werden kann. Sie erleichtern dem Forscher, lediglich etwas tiefer in das geheimnisvolle, weise Walten der sich stets erneuernden, mannigfaltigen Welt des Lebendigen zu schauen.

Bezeichnungen.

S_r = Biochemischer Sauerstoffbedarf des dem Tropfkörper zufließenden Abwassers in kg/m^3 oder mg/l,
S_a = biochemischer Sauerstoffbedarf des biologisch gereinigten Abwassers in kg/m^3 oder mg/l,
Z = Sauerstoffzufuhr in kg O_2/m^3 = mg/l,
E = Sauerstofferzeugung in $\frac{\text{kg } O_2}{\text{Tag}}/m^3$,
K = Oberfläche des Tropfkörpers in m^2,
R = Raumbelastung des Tropfkörpers in $\frac{m^3}{Tg}/m^3$,
V = Flächenbelastung des Tropfkörpers in $\frac{m^3}{Tg}/m^2$,
l = stündlich durch den Tropfkörper zirkulierte Luft in $\frac{m^3}{Std}/m^2$,
L = täglich durch den Tropfkörper zirkulierte Luft in $\frac{m^3}{Tg}/m^2$,
L_s = täglich dem Tropfkörper zugeführter Luftsauerstoff in $\frac{\text{kg } O_2}{\text{Tag}}/m^2$,
O_2 = Luftverbrauch des Tropfkörpers in $\frac{m^3}{Tg}/m^2$,
P = Sauerstoffüberschuß,
G = Verschlammungsgrad,
H = Tropfkörperhöhe in m,
$H^{0,4}$ = Höhenwert,
F = Benetzungsfläche der Füllstoffe in m^2/m^3,
$F^{0,12}$ = Benetzungswert,
Q_r = Rohwassermenge in m^3/Tag oder m^3/h,
Q_a = im Kreislauf geführte gereinigte Abwassermenge in m^3/Tag,
m = Rückführungsverhältnis,
C_r = Belastungswert,
ϱ = Multiplikator,
T_a = Abwassertemperatur in ^{0} C,
T_l = Lufttemperatur in ^{0} C,
W = Temperaturgefälle in ^{0} C,
C_t = Wärmewert.

Schrifttumsverzeichnis.

[1] Dunbar, Leitfaden für die Abwasserreinigungsfrage. I. Auflage 1907. II. Auflage 1912. Verlag R. Oldenbourg.

[2] Blunk, H. Beitrag zur Klärung der Vorgänge bei der Reinigung von Abwasser in Tropfkörpern. Gesundh.-Ing. Jg. 56 (1933,) H. 36 S. 425-440.

[3] Halvorson, H. O. Some Fundamental Factors concerned in the Operation of Trickling Filters. Sewage Works Journal 1936, No. 6. S 888-903-Aero-Filtration of Sewage and Industrial Wastes. Water Works and Sewerage 1936, Nr. 9, S. 307-313.

[4] Jenks, H. N. Experimental Studies of Bio-Filtration. Sew. Works Journal 1936, No. 3 S. 401-414.

[5] Imhoff, K. Verbesserungen an biologischen Tropfkörpern. Gesundh.-Ing. Jg. 60 (1937), H. 6 S. 89—91. — Wie berechnet man hochbelastete Tropfkörper? Gesundh.-Ing. Jg. 61 (1938) H. 25 S. 350—353. — Die Bodenlüftung bei biologischen Tropfkörpern. Gesundh.-Ing. Jg. 63(1940), H. 21 S. 262—265.

[6] Knechtges, O. J. A Study of Trickling Filter Loadings. Sew. Works Journal 1938, No. 6, S. 936—938.

7] Levine, M., Luebbers, R., Galligan W. E., Vaughn R., Observations on Ceramic Filter-Media and High Rates of Filtration. Sew. Works Journal 1936, No. 5. S. 701—727.

[8] Sohler, W. Versuche mit Hochleistungstropfkörpern auf der Stuttgarter Hauptkläranlage. Gesundh.-Ing. Jg. 61 (1938,) H. 52 S. 766—771

[9] Pönninger, R. Der künstlich belüftete Tropfkörper. Beihefte zum Gesundh.-Ing. Reihe II, H. 18. — Die Rasenmenge in Tropfkörpern. Gesundh.-Ing. Jg. 61 1938, H. 3. S. 34—39. — Durchflußzeit bei Tropfkörpern. Gesundh.Ing. Jg. 60 (1937), H. 52. S. 787—793. — Wirtschaftliche Gestaltung von Tropfkörpern. Gesundh.-Ing. Jg. 61 (1938), H. 15, S. 207—210. — Der Sauerstoffverbrauch des Tropfkörpers. Gesundh.-Ing. Jg. 61 (1938), H. 19. S. 260—264. — Studie zur Frage der Bemessung von Tropfkörpern. Gesundh.-Ing. Jg. 61 (1938), H. 26. S. 361—364.

[10] Demoll, R. u. Liebmann H. Der Scheibentropfkörper. Gesundh.-Ing. Jg. 62 (1939), H. 32. S. 492—495. — Über die Leistungen des Scheibentropfkörpers, seine Chemie und Biologie. Gesundh.-Ing. Jg. 63 (1940), H. 31 S. 392—399. — Betriebserfahrungen mit dem Scheibentropfkörper. Gesundh.-Ing. Jg. 64 (1941), H. 18. S. 260—262.

[11] Beger, H. Biologische Reinigung in dünner Abwasserschicht. Beihefte zum Gesundh.-Ing. Reihe II, H. 15.

[12] Schreiber A., Entwicklung neuer Wege zur biologischen Abwasserreinigung. München und Berlin: R. Oldenbourg 1940.

[13] Trebler, H. A. Ernsberger R. P., Roland C. T., Dairy waste elimination and sewage disposal. Sew. Works Journal 1938, Nr. 5. S. 868—889.

[14] Pöpel, F. Oberflächengröße und Kornzusammensetzung der Mineralmasse, Eigenschaften der Füllermehle und Asphalte und ihre Wechselbeziehungen beim Aufbau künstlicher Asphaltstraßenbeläge. Doktorschrift der T. H. Stuttgart. Halle: Straßenbauverlag Martin Boerner 1929.

[15] Mohlmann, F. W. One years Operation of an Experimental High-Rate Trickling Filter. Sew. Works Journal 1936, No. 6 S. 904—914.

[16] Department of Scientific and Industrial Research. Water Pollution Research, technical paper Nr. 3. The Purification of Waste Waters from Beet Sugar Factories.

[17] Herrick, T. L. Experimental Work in progress at the West-Side Sewage Treatment Works of the sanitary district of Chicago. Sew. Works Journal 1938, No. 2, S. 276—292.

[18] Imhoff, K. Was bedeutet hoher Nitratgehalt bei biologisch gereinigtem Abwasser? Gesundh.-Ing. Jg. 64 (1941), H. 1. S. 14.

[19] Reichle, C.; Beger, H.; Jordan G.; und Kisker, H. Versuche an hochbelasteten Tropfkörpern amerikanischer Bauart. Kleine Mitteilungen 1940, H. 1. S. 15—34.

[20] Husmann, W. Die Umsetzung der Stickstoffverbindungen in neuzeitlichen biologischen Abwasserreinigungsanlagen. Gesundh.-Ing. Jg. 64 (1941), H. 18. S. 262—263.

[21] Viehl, K. Nitrifikation und biologische Abwasserreinigung. Gesundh.-Ing. Jg. 64 (1941), H. 26 S. 369—370.

[22] Fischer, A. J., und Thompson, R. B. The Bio-Filtration Process of Sewage Treatment. Municipal Sanitation 1939, S. 525.

[23] Husmann, W. und Lanz, Th. Der Hochleistungstropfkörper. Zur Kenntnis der Vorgänge bei der biologischen Abwasserreinigung. Gesundh.-Ing. Jg. 61 (1938), H. 17 S. 231—236.

[24] Mc Intyre, J. C. Cedar Rapids Trickling Filters show high B. O. D. Removal. Municipal Sanitation, May 1939.

[25] Beger, H. und E. Biologie der Trink- und Brauchwasseranlagen. Verlag Aug. Fischer, Jena 1928.

[26] Zur Vierteljahrhundertfeier des Vereins für Wasser-, Boden- und Lufthygiene, Berlin-Dahlem 1927. Saprobientafel 1. Aug. 1930, Selbstverlag der Preuß. Landesanstalt.

[27] Pöpel, F. Die Verwendung offener hochbelasteter Tropfkörper mit Abwasserrückführung in Kleinkläranlagen. Gesundh.-Ing. Jg. 64 (1941,) H. 15. S. 219—224.

[28] Imhoff, K. und Müller, E. Die heiße Vergärung von stichfestem Schlamm. Gesundh.-Ing. Jg. 61 (1938,) H. 12 S. 160—163.

[29] Imhoff, K. Taschenbuch der Stadtentwässerung 8. und 9. Aufl. München und Berlin: R. Oldenbourg, 1939 und 1941.

[30] Harlow, J. F., Powers, Th. J., Ehlers, R. B. The Phenolic Waste Treatment Plant of the Dow Chemical Company. Sew. Works Journal 1938, No. 6 S. 1043 bis 1039.

[31] Blunk, H. Betrachtungen zu dem Ergebnis der wissenschaftlichen Untersuchungen an hochbelasteten Tropfkörpern amerikanischer Bauart. Gesundh.-Ing. Jg. 64 (1941), H. 20 S. 287—291.

[32] Imhoff, K. Die künstlich belüfteten Tropfkörper in Moskau-Koschuchovo. Gesundh.-Ing. Jg. 63 (1940), H. 29 S. 372.

[33] Rijksinstituut voor Zuivering van Afvalwater. Jahresberichte 1931 bis 1937.

[34] Busheo, R. J. Treatment of Brewery Wastes. Sew. Works Journal 1939, No. 2 S. 295—307.

www.ingramcontent.com/pod-product-compliance
Lightning Source LLC
LaVergne TN
LVHW081802240826
846425LV00005B/29

* 9 7 8 3 4 8 6 7 7 3 7 4 3 *